国之重器·丛书

中宣部主题出版重点出版物

科普中国创作出版扶持计划

星耀中国 我们的风云气象卫星

董瑶海 陈文强 杨军 著

人民邮电出版社
北京

图书在版编目（CIP）数据

星耀中国 : 我们的风云气象卫星 / 董瑶海，陈文强，杨军著. -- 北京 : 人民邮电出版社，2022.12
（国之重器）
ISBN 978-7-115-59529-4

Ⅰ. ①星… Ⅱ. ①董… ②陈… ③杨… Ⅲ. ①气象卫星－普及读物 Ⅳ. ①P414.4-49

中国版本图书馆CIP数据核字(2022)第108802号

内 容 提 要

天气预报与人们的日常生活息息相关，气象卫星为天气预报提供初始的观测数据，是气象工作中不可或缺的一部分。风云气象卫星是我国自行研制的气象卫星，该系列卫星组成了我国气象卫星业务天基监测系统，是全球对地观测卫星业务监测网的主力军之一。本书共 5 章，第 1 章介绍人类气象观测的发展历程、气象卫星的分类及技术特点，第 2 章阐述气象卫星的探测原理及要素、气象卫星的观测数据及其在各行业中的应用，第 3 章介绍气象卫星的组成、研制、运输、发射、在轨运行和退役全过程，第 4 章讲述我国风云气象卫星的发展历程及产生的效益等，第 5 章描绘气象卫星未来的观测需求和发展前景。

本书使用通俗易懂的语言，系统地讲述了与气象卫星相关的科学知识，集科学性、知识性和趣味性于一体，适合对气象和航天感兴趣的中学生、大学生和大众读者阅读，有益于读者开阔视野、扩展知识面及培养科学兴趣。

◆ 著　　　董瑶海　陈文强　杨　军
责任编辑　牛晓敏　胡玉婷
责任印制　陈　犇

◆ 人民邮电出版社出版发行　　北京市丰台区成寿寺路 11 号
邮编　100164　电子邮件　315@ptpress.com.cn
网址　https://www.ptpress.com.cn
北京富诚彩色印刷有限公司印刷

◆ 开本：787×1092　1/16
印张：12　　2022 年 12 月第 1 版
字数：270 千字　　2022 年 12 月北京第 1 次印刷

定价：169.80 元

读者服务热线：(010)81055493　印装质量热线：(010)81055316
反盗版热线：(010)81055315
广告经营许可证：京东市监广登字 20170147 号
审图号: GS 京（2022）0645 号

CZ-4C
中国航天

专家委员会

吴伟仁

中国工程院院士、中国探月工程总设计师

潘建伟

中国科学院院士、中国科学技术大学常务副校长

王建宇

中国科学院院士、中国科学院大学杭州高等研究院院长

陆　军

中国工程院院士、中国电子科技集团公司首席科学家

董瑶海

上海航天技术研究院科技委常委、型号总设计师

以下按姓氏笔画排序：

王大轶

北京空间飞行器总体设计部科技委主任、研究员

朱振才

中国科学院微小卫星创新研究院研究员、党委书记、副院长

杨　军

中国气象局风云气象卫星工程常务副总指挥、工程总师、工程办公室主任

张　哲

深空探测实验室未来技术研究院副院长、研究员

张正峰

北京空间飞行器总体设计部嫦娥五号探测器总体主任设计师、研究员

陈文强

上海航天技术研究院科技委型号总指挥、研究员

彭承志

中国科学技术大学微尺度物质科学国家研究中心研究员

本书编写组

以下按姓氏笔画排序：

王　燕　戎志国　华均康　孙　涛　李叶飞
杨　军　吴　静　汪自军　张　蓉　张立国
陈　强　陈文强　周爱明　赵其昌　赵凯璇
柯　玲　贾　煦　高　鸽　高旭东　唐世浩
董瑶海　蒋　锋　雷　璟　潘　峻

丛书序

“秋七月，有星孛入于北斗”，早在公元前 613 年，哈雷彗星就被载入史书《春秋》中；而发现于莫高窟藏经洞经卷中的敦煌星图，更是被吉尼斯世界纪录认定为世界上最古老的星图之一。“冥昭瞢暗，谁能极之”， 大约 2300 年前，诗人屈原用长诗《天问》向浩瀚无垠的星空发问，表达了中华民族对自然和宇宙空间不懈的探索精神。

1957 年，世界第一颗人造卫星发射上天。1958 年，毛泽东主席在中共八大二次会议上提出“我们也要搞人造卫星”，自此开启了我国人造卫星的探索之路。1970 年 4 月 24 日，在酒泉卫星发射中心，中国成功地将自己的第一颗人造地球卫星送上了太空，响彻全球的“东方红”乐曲宣告中国进入了航天时代。

进入 21 世纪，我国载人航天、北斗、探月等重大工程相继实施。在通信卫星领域，“东方红五号”卫星平台首发星成功定点，带动了我国大型卫星公用平台升级换代，中国卫星研制能力跨越式提升。在遥感卫星领域，“高分”系列卫星相继发射，推动我国遥感卫星的空间分辨率迈进亚米级时代。在导航卫星领域，多颗北斗卫星交相辉映，北斗卫星全球导航系统组网完成，我国成为世界上第 3 个独立拥有全球卫星导航系统的国家。

近年来，“悟空”暗物质粒子探测卫星、“墨子号”量子科学实验卫星、“慧眼”硬 X 射线调制望远镜、“太极一号”空间引力波探测技术实验卫星、“羲和号”太阳探测科学技术试验卫星、全球二氧化碳监测科学实验卫星（简称“碳卫星”）等“科学新星”冉冉升起、闪耀太空，在科学家们研究宇宙、探索自然的秘密方面发挥了重要作用。

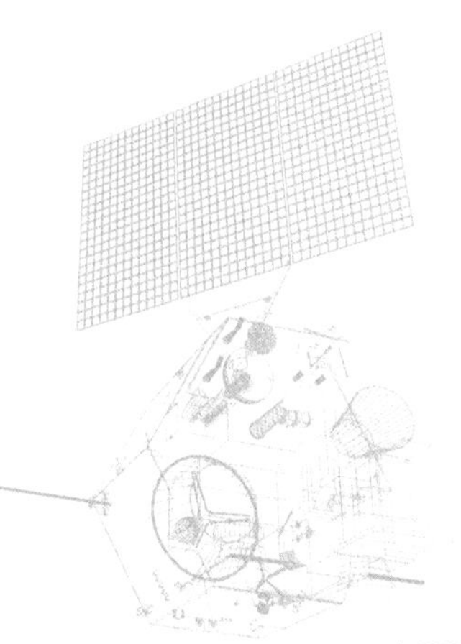

中国国家航天局在“‘十四五’及未来一个时期发展重点规划”中指出，要不断增强卫星应用服务能力，支撑经济社会发展。在服务经济发展方面，推动遥感、通信、北斗导航应用产业化，开发面向大众消费的新型信息消费产品与服务，丰富应用场景，提升大众生产生活品质，推动航天战略性新兴产业发展。因此，了解卫星的工作原理和应用价值，了解卫星是如何影响并改变人们的日常生活的，对于生活在“大航天时代”的人们来说，具有很重要的意义。

独立研制人造卫星，是一个国家科学水平和工程水平的集中体现，需要极强的基础工业体系，更需要一代又一代的科技人才接力奋进。为了提高社会大众的科学素养，拓展青少年的科技视野和知识储备，为国家建设培养未来科技人才，我们特别邀请业内权威的作者团队，策划了“国之重器”丛书的“星耀中国”系列，这个系列将带领读者走近风云气象卫星、嫦娥探月卫星、量子科学卫星等卫星项目，用图文并茂的形式展示中国自己的人造卫星，讲述卫星背后的精彩故事，展示卫星研发科技工作者的奋斗成果。

“一个不知道仰望星空的民族是没有希望的民族”，我们相信会有更多的科技爱好者和青少年读者，从中国卫星创新发展的故事中受到启发，继续弘扬科学家精神，追随现代前沿科技的脚步，步入科学的殿堂，成为下一代科技栋梁之材。我们更希望本套科普丛书能带领大家探索浩瀚宇宙，服务国家发展，增进人类福祉！

以书献礼，用心讲好中国卫星故事。谨以此丛书致敬党的百年华诞，奋楫献礼党的二十大。

专家委员会

序一

我国的气象卫星从零起步，在国内基础工业极其落后的情况下，实现了从无到有、从小到大、从弱到强的跨越式发展。气象卫星牵引我国基础工业在空间技术、空间科学和空间应用方面取得了巨大的成就。

1969 年 1 月，由于强冷空气侵袭，长江、黄河流域出现了严重的冰凌灾害，造成我国大范围的通信、交通中断。1969 年 1 月 29 日，周恩来总理在接见气象局代表时指示，应该搞我们自己的气象卫星。从此，我国拉开了气象卫星研制的序幕。

在当时基础工业薄弱、航天人才紧缺的情况下，依托上海工业优势，国防科学技术工业委员会从全国各科研院所抽调精英，迅速组建了我国气象卫星的研制队伍。经过 50 多年的发展，上海航天技术研究院抓总研制的风云气象卫星从极地轨道气象卫星到地球静止轨道气象卫星，具备高低轨联合全球观测能力，与国外卫星相比，实现了从跟跑到并跑再到部分领跑的跨越，综合性能达世界先进水平。

截至 2021 年 10 月，我国已成功发射“两代四型”共 19 颗气象卫星，有 8 颗气象卫星在轨稳定运行，极地轨道气象卫星和地球静止轨道气象卫星组成了中国气象卫星业务天基监测系统，实现了组网观测业务化。风云一号卫星为中国第一代极地轨道气象卫星，风云二号卫星为中国第一代地球静止轨道气象卫星，风云三号卫星和风云四号卫星分别为中国第二代极地轨道气象卫星和地球静止轨道气象卫星。风云气象卫星是世界气象组织（WMO）对地观测卫星业务监测网的重要成员，被世界气象组织纳入全球业务应用气象卫星序列。凭借先进的技术水平、稳

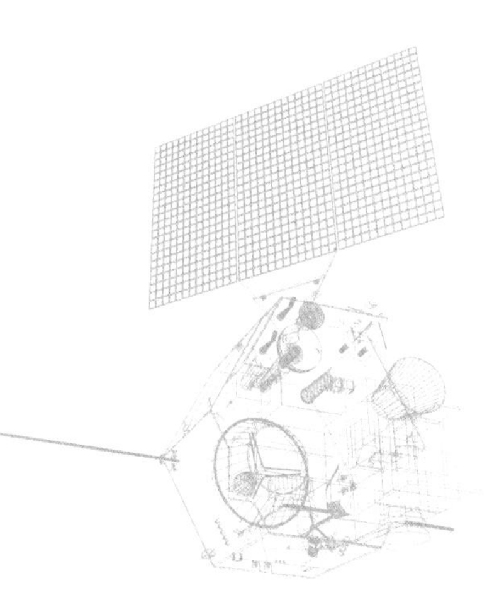

定可靠的业务运行和高质量的遥感数据服务，中国的风云气象卫星与美国、欧盟的气象卫星一起，成为全球对地观测卫星业务监测网的主力军。

2025 年前，我国将继续发展第二代风云气象卫星，形成风云三号卫星黎明、上午、下午 3 种轨道卫星和降水测量卫星组网观测，风云四号卫星光学星加微波星“组网观测，在轨备份”的业务格局，全面提升风云气象卫星在天气预报、防灾减灾和生态文明建设等领域的支撑能力。2035 年前，我国将建设第三代风云气象卫星系统，全面实现风云气象卫星观测能力和应用水平国际领先，提升气象观测的现代化水平，保障人民生命安全、生产发展、生活富裕、生态良好和国家安全。

本书不仅真实记录了风云气象卫星的观测对象、基本原理、研制流程、发射过程，也反映了风云气象卫星“家族成员”的各自特点，记录了风云气象卫星的“前世今生”。

作为“国之重器”丛书“星耀中国”系列中的分册，本书的创作和出版，是编写团队辛勤劳动的成果，为广大航天科普爱好者提供了很好的参考和借鉴。本书是一本很好的卫星知识读物，同时也反映了航天工作者和气象工作者 50 多年坚持不懈的奋斗和自主创新的历程，是一次很好的关于航天精神及航天文化的传播。本书是给航天事业创建 65 周年及上海航天技术研究院建院 60 周年的一份厚礼，向中国共产党成立 100 周年致敬，向党的二十大献礼。

孙家栋

2021年12月2日

序二

自 1960 年世界第一颗气象卫星成功发射以来，气象卫星经历了从试验到业务、从极地轨道到地球静止轨道、从单一仪器观测到多载荷仪器综合观测、从看图说话到定量探测、从单星系统到多星系统等不同的发展阶段。

风云气象卫星的发展是我国改革开放的一个缩影。相比于国外，我国气象卫星事业起步较晚，为尽快追赶国际气象卫星观测先进水平，我国气象工作者和航天工作者共同努力，自 1988 年 9 月 7 日发射了第一颗气象卫星——风云一号 A 星以来，瞄准国际气象卫星科技前沿，始终坚持自主创新、星地统筹发展。经过 50 多年的发展，我国已成功发射“两代四型”极地轨道气象卫星和地球静止轨道气象卫星共 19 颗。截至 2021 年 10 月，共有 8 颗气象卫星在轨稳定运行，极地轨道气象卫星和地球静止轨道气象卫星组成了中国气象卫星业务天基监测系统，实现了组网观测业务化。目前，有 120 多个国家和地区及 2 700 多家国内用户接收与利用风云气象卫星资料。

国之重器支撑国家战略，气象卫星在服务“一带一路”倡议、保障国家生态文明建设、“生态红线”监测与评估、清洁能源体系构建等方面发挥了重要作用。风云气象卫星应用广泛，不仅用来预报天气，其数据和产品还被广泛应用于海洋、农业、林业、环保、水利、交通、电力等行业，产生了良好的社会效益和经济效益。

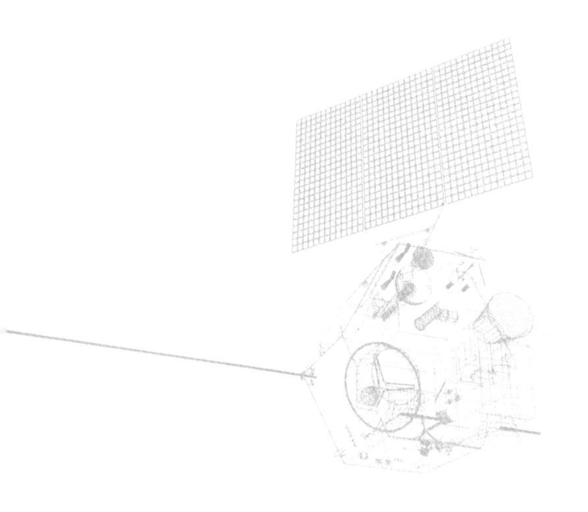

观云测雨，保障重大活动，近年来，我国气象卫星在国家重大活动中提供了有力的气象服务保障，为气象决策提供了强有力的支撑，显著提升了遥感应用服务的效果。

进入 21 世纪，随着风云气象卫星及应用技术的快速发展，新一代风云气象卫星由单星观测向体系化、智能化方向发展；未来的气象卫星，利用人工智能和高速处理技术，将实现全球任意地点、任意时间的智能化服务；气象卫星直接与服务对象交互，实现气象服务“私人定制”。

作为“国之重器”丛书“星耀中国”系列中的分册，本书真实记录了风云气象卫星 50 多年的发展变化，本书的出版为新中国气象事业 70 周年、风云气象卫星事业 50 周年献出了一份厚礼。

许健民

2021.12.3

前言

随着全球变暖，突发性、灾害性、极端天气气候事件频繁出现，气象卫星可对全球和区域范围内的极端天气、气候和环境事件进行及时、高效的观测，是防灾减灾、应对气候变化和生态文明建设的重要支撑手段。50 多年来，我国气象卫星事业从无到有、从弱到强、从跟跑到并跑再到部分领跑，在国际气象卫星“家族”中的地位不断提高。

1988 年，我国成功发射了风云一号 A 星，从此我国气象卫星事业走上了自主发展的道路。风云气象卫星经历了“两代四型”，即第一代极地轨道气象卫星风云一号（FY-1）卫星和第一代地球静止轨道气象卫星风云二号（FY-2）卫星、第二代极地轨道气象卫星风云三号（FY-3）卫星和第二代地球静止轨道气象卫星风云四号（FY-4）卫星。截至 2021 年，我国已经成功发射了 19 颗风云气象卫星，其中包括 9 颗极地轨道气象卫星和 10 颗地球静止轨道气象卫星，形成了“多星在轨、互为备份、统筹运行、适时加密”的业务格局，使我国成为世界上少数几个同时具有极地轨道和地球静止轨道两个系列气象卫星的国家和地区之一。

在气象卫星应用方面，我国风云气象卫星已被世界气象组织纳入全球业务应用气象卫星序列，成为对地观测卫星业务监测网的重要成员。风云气象卫星正在为 120 多个国家和地区及国内 2 700 多家用户提供多种卫星资料和产品，每年向用户提供上千条遥感监测信息，为多个国家重点科研项目提供科学数据，在气象观测、数值天气预报、防灾减灾

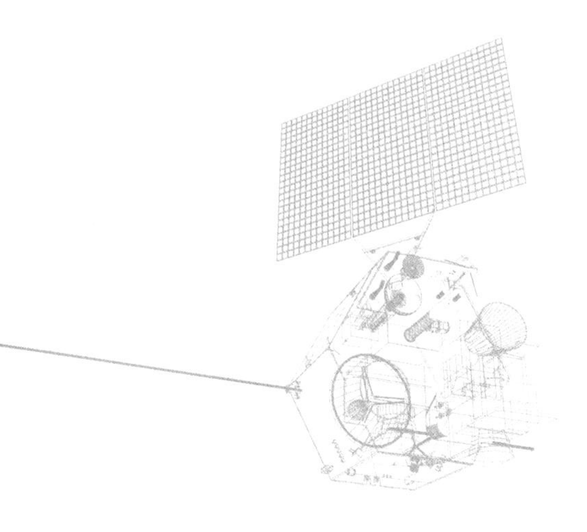

等方面发挥着越来越重要的作用。

在服务“一带一路”倡议方面，风云气象卫星发挥着不可或缺的作用。2018 年 6 月 10 日，中国国家主席习近平在主持上海合作组织青岛峰会并发表讲话时指出，中方愿利用风云二号卫星为各方提供气象服务。随着风云二号 H 星成功发射和在轨运行，该星将为中国西部地区、“一带一路”沿线国家和地区的天气预报、防灾减灾等提供全面的气象支撑。

为了向世界彰显气象大国的实力，向公众讲好中国气象卫星的故事，展示中国航天事业取得的举世瞩目的成就，值此中国风云气象卫星事业 50 周年、中国航天事业创建 65 周年、上海航天技术研究院建院 60 周年之际，本书编写组编写了这本“国之重器”科普图书之《星耀中国：我们的风云气象卫星》。期望本书的出版，可以促进中国气象卫星事业跃上新台阶，同时帮助社会各界进一步了解中国气象卫星事业的发展，激励有志于从事航天事业的青年才俊加入航天队伍，为建设航天强国和气象强国做出贡献。

本书在编写过程中得到了上海航天技术研究院、国家卫星气象中心、人民邮电出版社等单位的数十位专家和学者的大力支持，在此表示衷心感谢！

本书编写组

2021 年 12 月

CHN
CASC
中国航天
CZ-6

目录

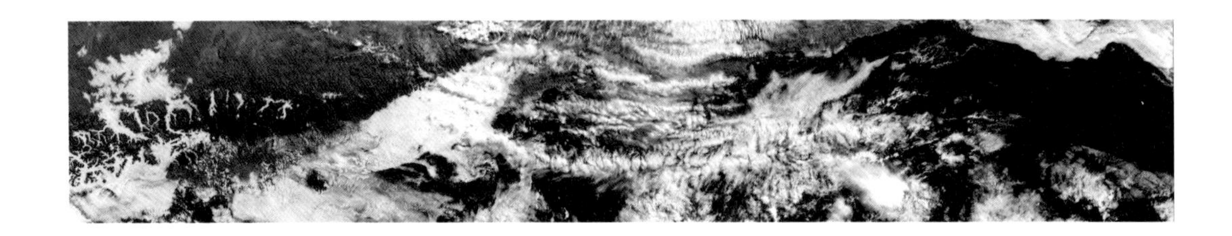

第1章 CHAPTER 1 什么是气象卫星

1.1 人类观测天气的方法 20

1.2 太空中的天气瞭望者 28

第2章 CHAPTER 2 气象卫星如何观测

2.1 气象卫星探测原理及要素 38

2.2 卫星云图对天气预报有什么帮助 46

2.3 气象卫星在数值天气预报中的应用 54

2.4 气象卫星在气候监测和预测中的应用 57

2.5 气象卫星在气象灾害监测中的应用 66

2.6 气象卫星在空间天气监测中的应用 72

第3章 CHAPTER 3 气象卫星的奥秘

3.1 气象卫星的组成 82
3.2 气象卫星的研制 102
3.3 气象卫星的发射 126

第4章 CHAPTER 4 气象卫星的“前世今生”

4.1 国外气象卫星的发展历程 138
4.2 国内气象卫星的发展历程 146
4.3 气象卫星发挥的效益 161

第5章 CHAPTER 5 气象卫星的未来

5.1 未来气象观测需求 172
5.2 气象卫星技术发展方向 179
5.3 我国气象卫星展望 188

参考文献 189

风云四号A星

多通道扫描成像辐射计第一幅彩色合成图像

2017-02-20　13:15（北京时间）

国家卫星气象中心制作

第 1 章

CHAPTER 1

什么是气象卫星

地球只是茫茫宇宙中的一颗行星，却承载着几十亿人的生命。从远古到现代，人类一直尝试着去了解地球和大气，为了摸透天气的阴晴雨雪变化，人类想了很多观测天气的方法。从目视观察到仪器观测，从地面观测、高空观测到航天器遥感观测，从定性到定量，从地面到太空，从局地到全球，人们对大气的认识逐渐深入，观测范围逐渐扩展。气象卫星出现前，虽然人们建设了地面气象观测站、高空气象观测站、自动气象站，并通过天气雷达等仪器收集地球及大气数据，但由于世界上存在着诸如海洋、沙漠等人烟稀少的地区，很多天气资料无法及时获取，于是气象学家想到了从深邃的太空观测地球及大气，气象卫星应运而生。目前，人类对天气现象已经实现了天空地一体的综合观测，预测方法不断发展，从“天有不测风云”做到了风云可测。

1.1 人类观测天气的方法

人类的生存和发展离不开天气。在古代，人们的生活和农业生产主要是靠天吃饭，现代社会的生产和人们的生活也同样与天气和气候密切相关。因此，认识天气和气候十分重要，同时人类还要学会适应天气，保护赖以生存的地球。

1.1.1 用眼睛看天气

人类的生产、生活与气象有密切的关系。早在远古时期，就有人类进行气象观测的记载。中国商代的甲骨文中记载了风、云、雨、雪等各种天气现象。自周代至清代，多数朝代均设立天象行政机构和业务部门，留下了很多珍贵的观测记录文献。古人观测气象以目测和定性观察为主，为了满足生产、生活的需要，在长期的生产实践中，人们根据对天气现象和云、雨的观测指导农事活动，归纳出了民间的天气和气候的规律及谚语，如我国的二十四节气及一些耳熟能详的谚语。天气谚语有“月晕而风，础润而雨”“朝霞不出门，晚霞行千里”之类；气候谚语有“喜鹊搭窝高，当年雨水涝”等。

▼ 记载天气现象的甲骨文

风 云 雨 雪

霾 虹 蒙 雨夹雪

▼ 朝霞不出门，晚霞行千里
早晨出现红霞，预示有雨，不宜出门；
傍晚出现红霞，预示天晴，可以远行

1.1.2 用仪器测量天气

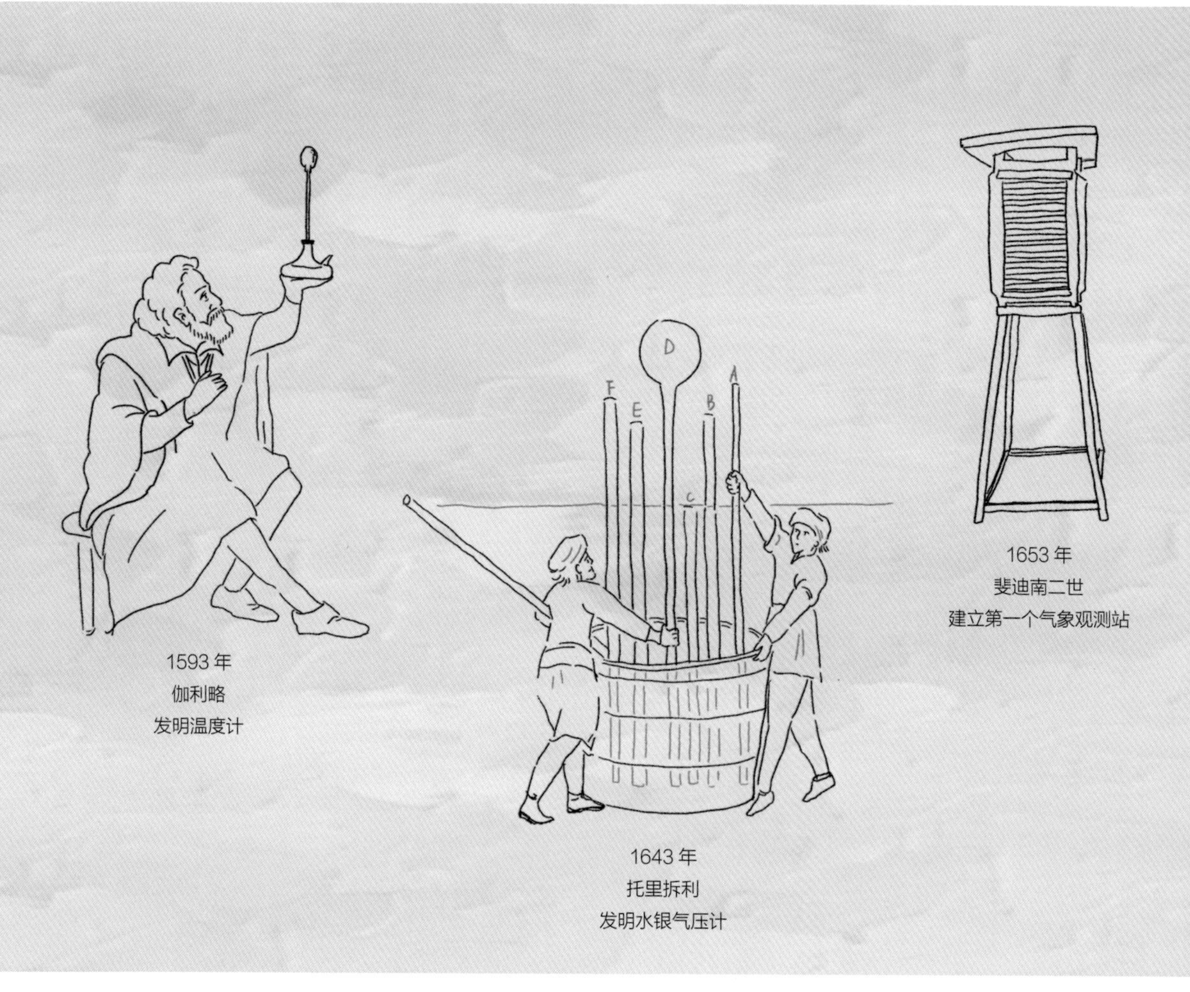

▲ 随着温度计、气压计和探空仪等的发明，人们观测天气从目视与大概描述转换为精确定量观测

从 16 世纪后期到 20 世纪初，随着工业革命的深入和近代科学技术的发展，人们相继发明并联合使用专门用于气象观测的仪器，如温度计、湿度计、气压计和风速计等，奠定了地面观测的基础。1593 年，伽利略发明了温度计；1643 年，托里拆利发明了水银气压计；1783 年，索热尔发明了毛发湿度计。尽管当时已经有了气象观测仪器，但在 19 世纪通信新技术出现之前，气象科学一直停留在未经证实的理论和哲学讨论阶段，这是因为当时的气象观测是无组织的，也没有人将观测资料收集起来进行分析。

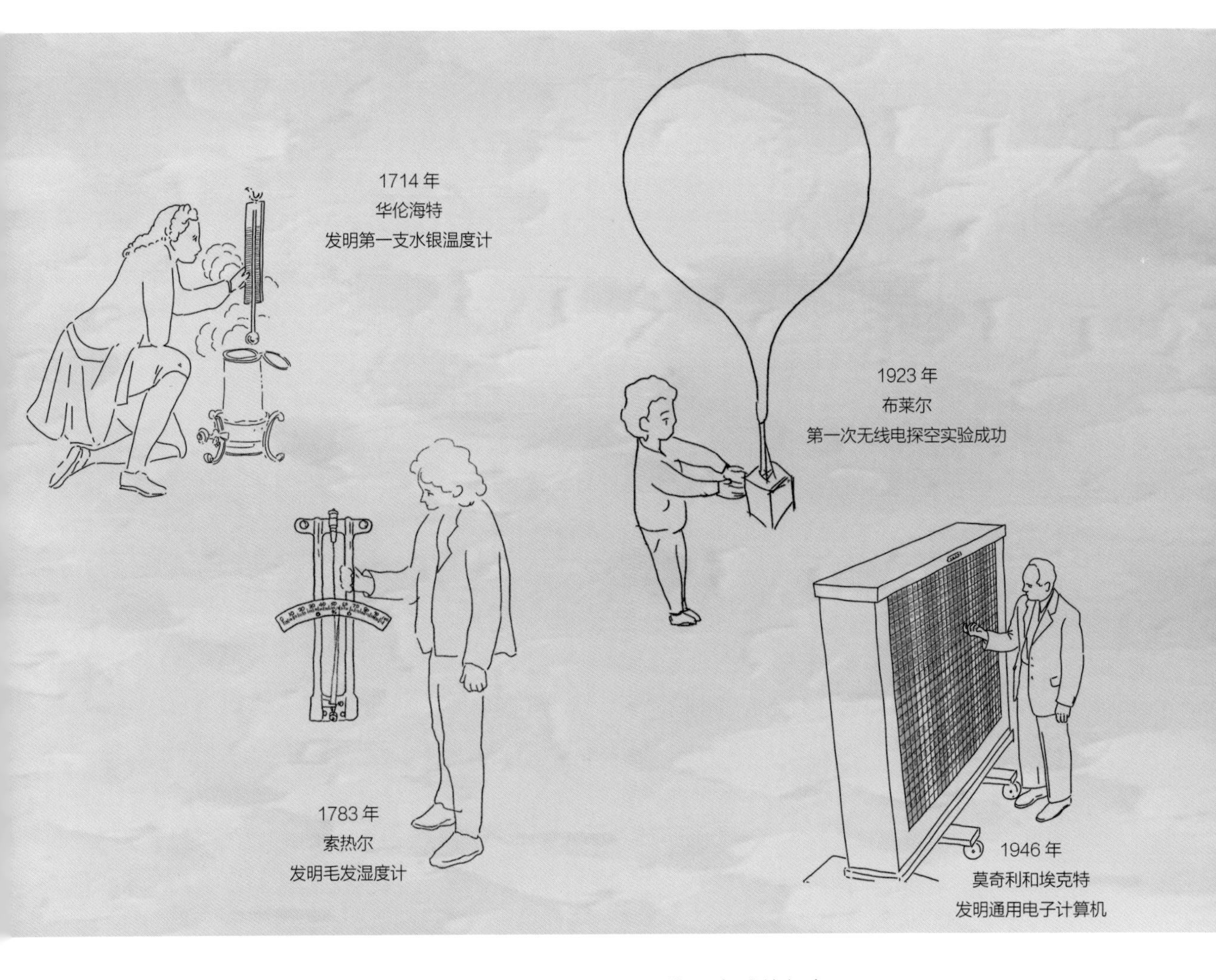

地球上大气的流动是全球性的，因此天气预报需要使用全球的气象观测数据和理论模型。20 世纪 20 年代出现了无线电探空仪，大气三维空间结构的立体探测得以实现。1946 年出现了通用电子计算机，它的一个重要应用就是预报天气。电报的发明和应用，使得气象观测信息可以快速传递，地面台站网逐步建立，将不同区域在同一时刻观测的气象要素绘制在一张图上成为现实。由此，第一张天气图在英国产生，人类开始通过实际观测资料和现代科学方法进行天气预报。

1.1.3　飞到天空看天气

20 世纪 20 年代，高空观测开始起步，高空观测网逐渐建立，人们对大气的观测从近地面扩展到距地面二三十千米的空间；20 世纪 40 年代，探空火箭研制成功，进一步将观测范围扩展至距地面 100km 的空间。高空观测的发展使人们获得了大气的三维空间结构信息，掌握气象的演变过程成为现实，同时推动天气预报能力上了一个新台阶。

▼ 探空气球、飞机、探空火箭的发明，使人们观测天气的高度范围逐渐从地面扩展至距地面 100km 的空间，观测范围大幅提高

1.1.4　从大气层外看天气

20 世纪 50 年代以前，气象观测数据主要依赖于气象站的地面和高空观测，而占据地球绝大部分面积的海洋、高山、荒漠地区的气象观测数据仍是空白的。观测资料的不完整使得天气预报的精度很难提高，直到 1960 年气象卫星及各种遥感仪器的出现，才给气象科学的发展带来新的转机。1957 年人造地球卫星及 1960 年气象卫星的出现，标志着气象观测进入全球大气遥感探测的新时代，实现了全球范围（空间）和

全天时（时间）的连续观测。有别于“不识庐山真面目，只缘身在此山中”的地面气象观测站，气象卫星在大气层外看天气，具有范围广、频次高、时效快、数据质量高等特点，同时其观测不受自然条件和地域条件的限制。

▲世界上第一颗气象卫星 TIROS-1（1960 年）

气象卫星小词典：人造地球卫星及其分类

人造地球卫星指环绕地球飞行的无人航天器，简称人造卫星，按照应用可分为通信卫星、导航卫星、遥感卫星和科学实验卫星四大类。气象卫星是遥感卫星的一种，主要用于对地球、云和大气的观测，与人们的生活息息相关。

▶气象卫星装载了各种气象遥感仪器，接收和测量地球及其大气层反射的可见光、发出的红外和微波辐射，并将其转换成电磁信号传送给地面站。地面站将卫星传来的电磁信号复原，生成各种云层、风速与风向、地表和海面图像，再经进一步处理和计算，得出各种气象参数。

1.1.5 天地一体观天气

随着科学技术的进步和发展，地基、空基、天基各种观测方法相互协调配合的天地一体化综合气象观测系统逐渐形成。地基观测主要以各种气象观测雷达和自动化气象观测站为主，可以实现对一定区域近地面的风、降水和冰雹等天气的精确测量。地基观测与天基观测相比，不受观测仪器体积和重量的限制，观测精度高，但观测范围有限。空基观测可以实现从地表到 100km 高度的大气垂直方向参数探测。天基观测不受时间、空间和天气条件的限制，观测范围广，可以实现全球大气的连续观测。地基、空基和天基大气观测协调互补，构成了现代化的综合观测系统。

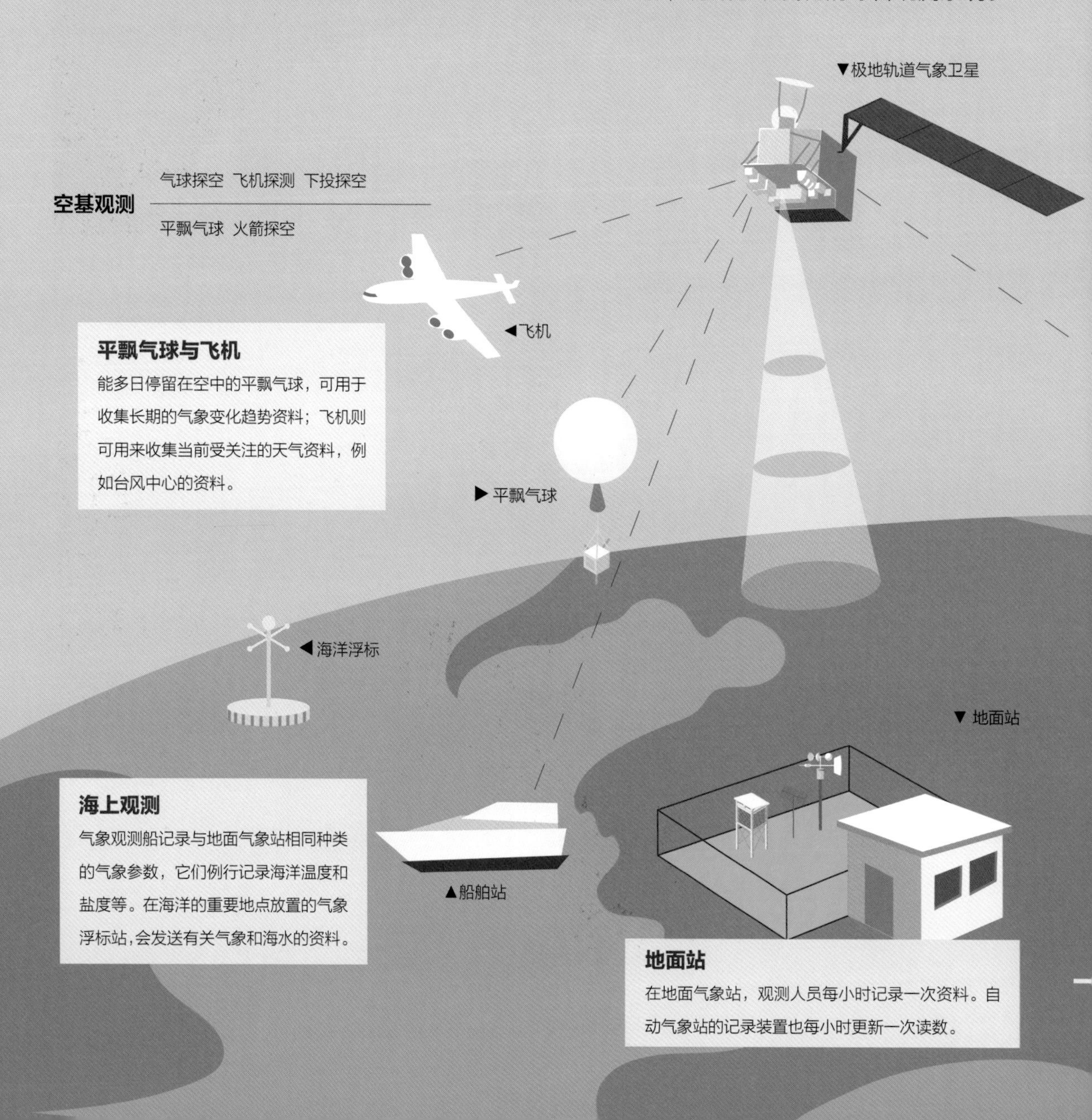

气象卫星的诞生在大气科学史上具有划时代的意义，同时也是天气预报发展史中的一次飞跃。气象卫星具有观测范围广、周期短、数据综合性强、信息量大等显著优势，其提供的大量气象数据，可以将一个地点与另一个地点的气象要素有机地联系起来，使人们从“坐井观天”开始“放眼世界”，并逐渐发展成为气象部门分析和预报天气的重要工具。

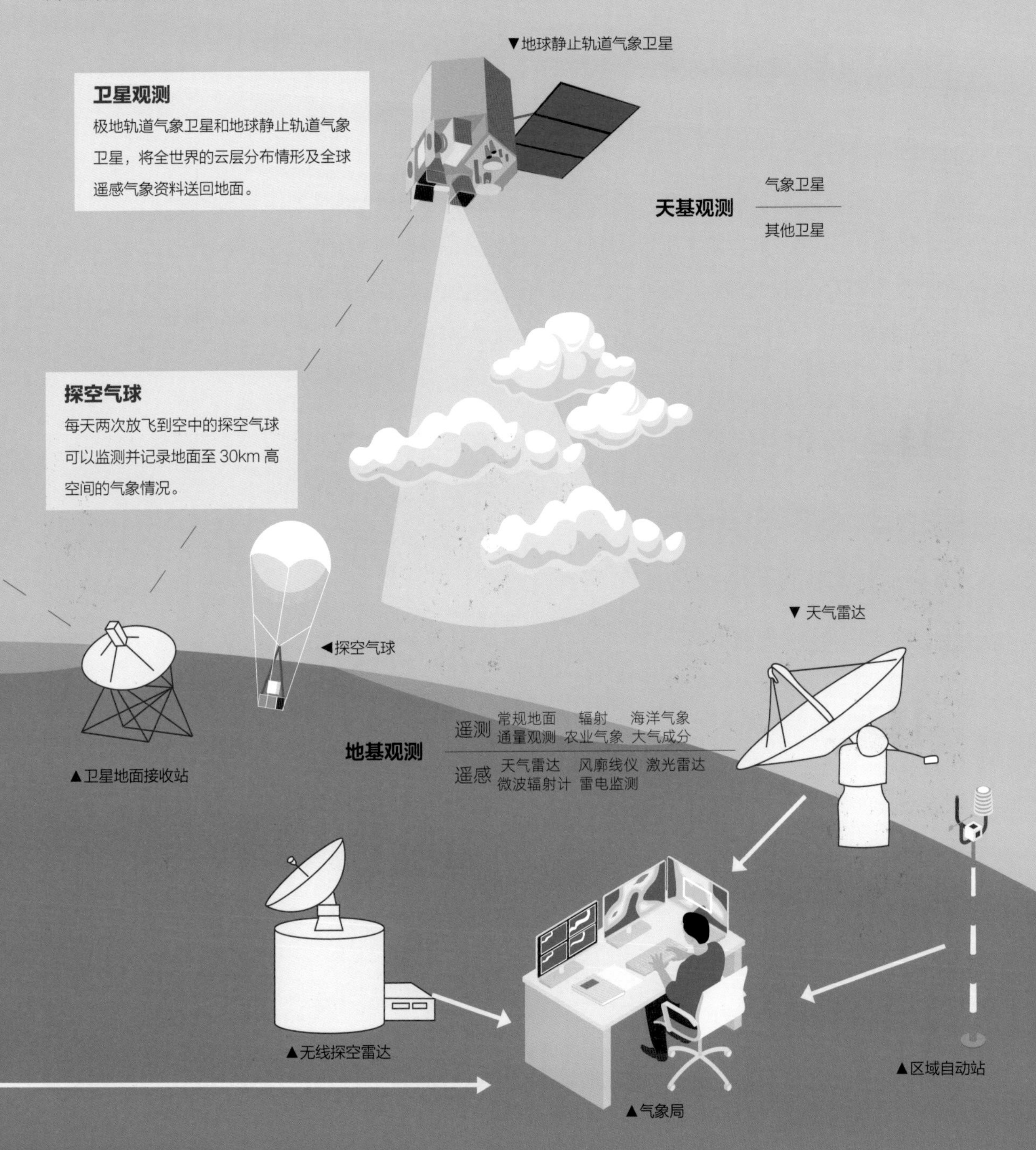

1.2 太空中的天气瞭望者

气象卫星是从太空对地球及大气层进行定量探测的人造卫星，相当于一个运行在太空的自动化高级气象站，是空间、遥感、计算机、通信和控制等技术相结合的产物，是综合气象观测系统的重要组成部分。

气象卫星装载各种遥感仪器，接收和测量地球及大气层反射的太阳辐射或自身发出的辐射信息，通过无线电将这些信息传送给地面站；地面站将卫星传来的信息处理成各种云层、地表和海面图像，用于日常天气预报，暴雨、台风等灾害天气监测预报，环境监测，以及大气科学、海洋学和水文学的研究，服务于人类的生产、生活和社会活动。

▼ 气象卫星探测原理及流程

1.2.1 气象卫星分类

气象卫星按照轨道的不同分为 4 类，即：极地轨道气象卫星、低轨低倾角轨道气象卫星、地球静止轨道气象卫星和大椭圆轨道气象卫星。这 4 类轨道气象卫星分工协作，实现全球和区域的高频次气象探测。

▼ 不同轨道的气象卫星

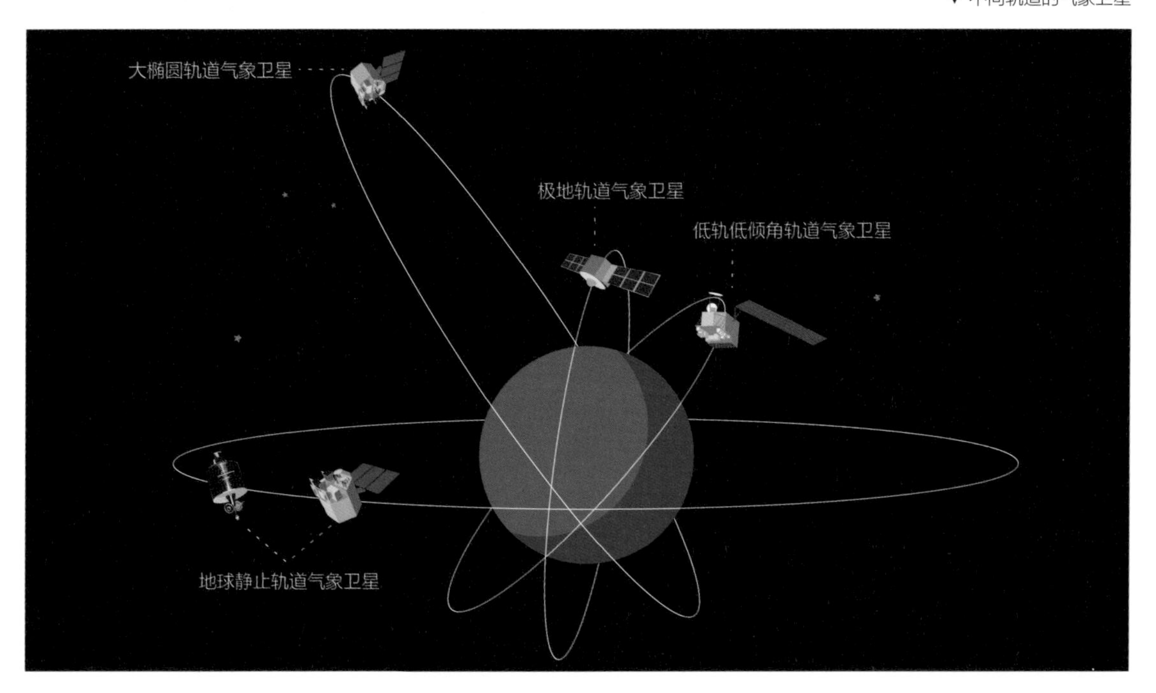

1. 极地轨道气象卫星——全球移动高级气象站

极地轨道气象卫星简称极轨气象卫星，俗称低轨气象卫星，是在太空中的全球移动高级“气象站”，轨道高度为 600~1 200km。由于卫星的轨道平面通过地球的南北极，因此被命名为“极地轨道气象卫星”，我国的风云一号卫星、风云三号卫星均为极轨气象卫星。理论上，极轨气象卫星的轨道平面是与地球赤道垂直的，即轨道倾角为 90°，但是实际应用时，极轨气象卫星一般设计为太阳同步轨道卫星，此时卫星轨道平面与地球赤道平面不完全垂直，轨道倾角约为 98°。这种卫星轨道不仅具备“极轨”通过南北极的优点，还有一些“独特”的轨道特性。

▼ 极地轨道气象卫星观测示意

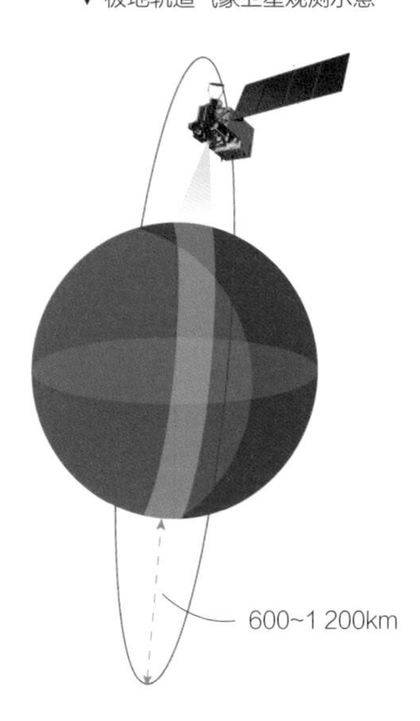

极轨气象卫星沿太阳同步轨道运行。什么是太阳同步轨道呢？太阳同步轨道就是航天器轨道平面绕地球转动的平均角速度等于地球绕太阳公转的平均角速度。通俗地说，地球绕太阳公转一圈 360°，需要一年的时间，每天角度大约变化 0.985 6°，而太阳同步轨道利用地球赤道隆起对卫星轨道的影响，使轨道平面每天变化的角度与地球绕太阳变化的角度一致，因此被称为“太阳同步轨道”。

太阳同步轨道有哪些优点呢？其一，太阳同步轨道通过地球的南北极，可获得全球观测资料；其二，太阳同步轨道与太阳始终保持固定的指向角度，使卫星每次经过一个地区的当地时间基本相同。根据卫星飞过当地时间的不同，太阳同步轨道通常分为上午轨道、下午轨道、晨昏轨道等，表示卫星经过该区域时星下点的当地时间是上午、下午或者晨昏。这使得卫星遥感探测资料具有长期可比性，对天气预报、自然灾害监测、地球气候和生态环境监测等意义重大。

例如，我国的风云三号卫星采用太阳同步轨道，轨道高度约为 830km，绕地球飞行一圈的时间约为 101min，每隔 12h 就可获得一份全球的气象资料，并可以高频次地观测两极地区。

2. 低轨低倾角轨道气象卫星——中低纬度降水测量站

降水通过热释放对大气环流系统产生很大影响，地球上约三分之二的降水发生在中低纬度的热带地区。人们一直在谋求一种能够对热带地区降水进行详细测量的方法，于是科学家设计了一类专门用于观测中

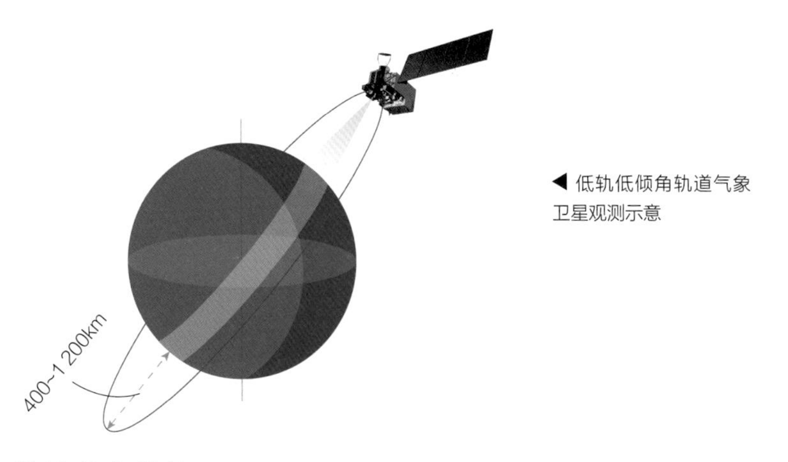

◀ 低轨低倾角轨道气象卫星观测示意

低纬度降水的气象卫星——降水测量卫星。降水测量卫星的轨道高度为400~1 200km(属于低轨卫星)，卫星轨道倾角约为50°。该类卫星不经过地球的南北极，仅能对南纬50°~北纬50°范围(纬度上限约等于轨道倾角)内的区域进行探测。低轨低倾角轨道气象卫星虽然不能覆盖地球的南北极，但对中低纬度地区的探测频次优于太阳同步轨道气象卫星，可以实现对中低纬度目标的连续观测，满足对重点区域高频探测的需求。

3. 地球静止轨道气象卫星——固定监测气象站

地球静止轨道气象卫星指发射到地球赤道上空约36 000km高度的气象卫星，又称高轨气象卫星或地球同步轨道气象卫星。这类卫星绕地球转动的速度与地球自转速度一致，因此对地球上的人们来说，卫星是相对静止的，故被称为地球静止轨道气象卫星。

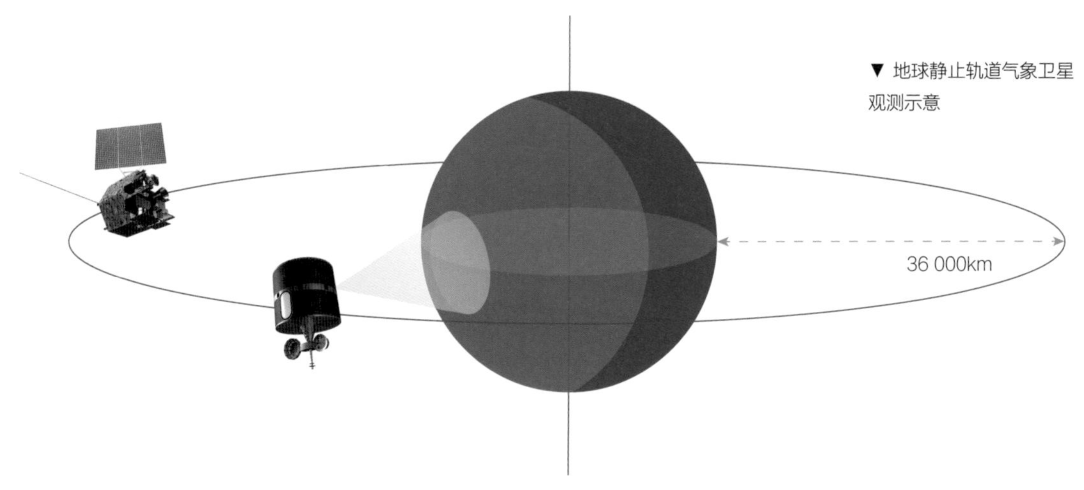

▼ 地球静止轨道气象卫星观测示意

地球静止轨道气象卫星就好比一个定点气象观测站，可以被形象地比喻为“站岗哨兵”，能够实现对固定区域的连续观测，对局部地区可进行1min间隔的高频次观测，可以捕捉到快速变化的天气现象，因此通常又被大家称为天气卫星，其观测数据主要用于天气分析，特别是对突然发生的强对流天气的监测和预警。地球静止轨道气象卫星的轨道高度远超极地轨道气象卫星(约是极地轨道气象卫星轨道高度的40倍)，站得高所以看得更远，单颗地球静止轨道气象卫星的观测范围可以覆盖地球三分之一的区域，但由于轨道限制，不能观测到地球的南北极地区。

在赤道上空均匀分布 3 颗及以上的地球静止轨道气象卫星就可基本实现除南北极外的全球覆盖，这对日常天气预报、灾害性天气预报及短期临近天气预报有着重要意义。

▼ 大椭圆轨道气象卫星观测示意（在北极或南极等高纬度地区停留时间较长）

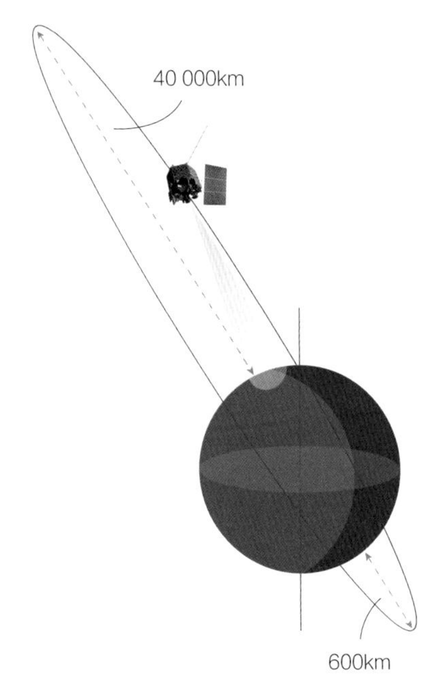

我国的风云二号卫星、风云四号卫星属于地球静止轨道气象卫星，可以实现对我国及周边区域分钟级 24h 连续监测，全年无休地观测天气变化，为人们提供天气变化监测数据。

4. 大椭圆轨道气象卫星——特种监测气象站

目前，我国的气象卫星主要分为极地轨道气象卫星与地球静止轨道气象卫星两大类，这两大类气象卫星能够满足我国气象观测业务运行和定量应用的需求。需要指出的是，还有一类特殊轨道的气象卫星，即大椭圆轨道气象卫星。大椭圆轨道是一类特殊的大偏心率椭圆轨道，根据应用需求的不同，其近、远地点高度也不完全相同。大椭圆轨道气象卫星一般设计近地点在南半球，轨道高度约为 600km；远地点在北半球，轨道高度约为 40 000km，卫星绕地球飞行一圈约 12h，其中有 8h 在北半球上空。因此相对于北半球中高纬度地区来说，它具有“准静止”的特点，可以对北纬 60° 以北地区进行长期观测，弥补地球静止轨道气象卫星不能观测南北极的缺陷。2 ~ 3 颗此类卫星可实现对中高纬度区域的全天时覆盖。目前，大椭圆轨道气象卫星被俄罗斯广泛使用。

气象卫星小词典：轨道倾角

轨道倾角是指赤道平面和卫星轨道所在的轨道平面之间的夹角，用来描述卫星轨道的倾斜程度，轨道倾角决定了卫星的发射地点和发射所需要的燃料。

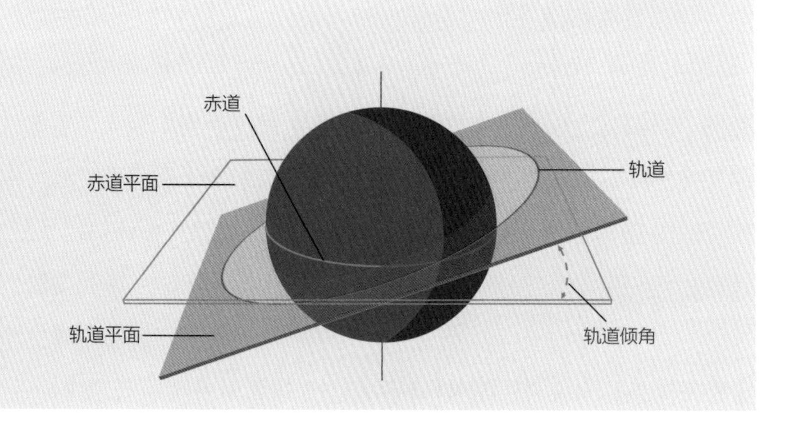

1.2.2 气象卫星的特点

作为遥感卫星中的一种，气象卫星不是以获取图像为最终目的，它的主要作用是获取大气和地球表面的高精度定量辐射信息。一般遥感卫星携带的观测仪器叫“相机”，而气象卫星携带的观测仪器叫“辐射计”“光谱仪”“探测仪”等，原因就在于该类遥感仪器是高定量化水平的精密仪器。气象卫星的技术特点包括以下几个方面。

1. 对大气的“定量化”探测

地球及其上空大气层像人体一样复杂，对大气的观测过程就好比对人体进行体检，最终目的是获得大气的温度、湿度、压力等具体的参数信息。气象卫星携带的观测仪器就是大气的“体检”设备，对大气表面及其内部的各项参数进行测量。需要指出的是，这些测量基本通过“非直接接触”的方式获得，大气的温度测量准确度的要求并不比人体测温低。气象卫星需要在 800~1 000km 和更加遥远的 36 000km 外获得地表及大气的温度，误差要求小于 1℃，就好比从几千米外使用红外线测温仪给人体测体温，误差要求小于 1℃。除了温度外，气象卫星还需

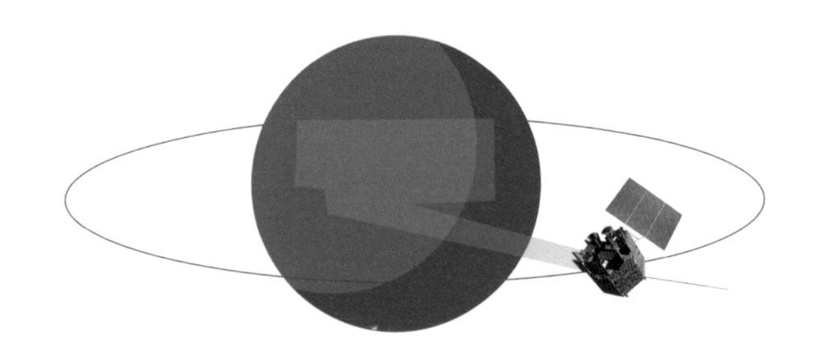

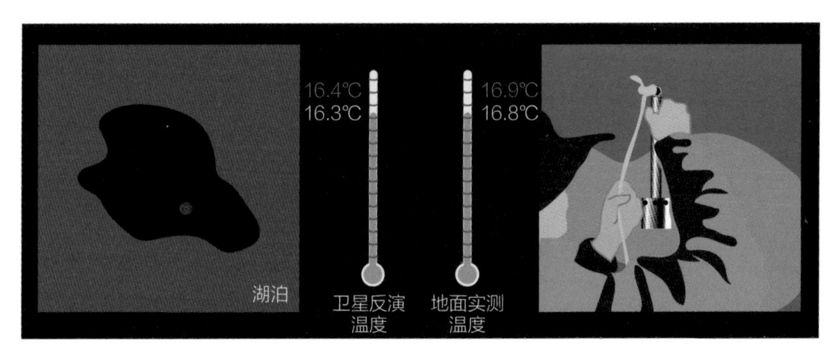

◀ 以温度测量为例，在遥远的太空，气象卫星测量大气温度达到 1 ℃的测量精度，同时可以测量出大气温度 0.1℃的变化

测量出水汽含量和分布、风速、风向、大气成分、云的类型及分布等多种大气定量化探测指标。这样一来，天气的“诊断者”——预报员才能根据大气“体检报告”中的各项指标参数综合判断并预测未来天气和气候的变化情况。

2. 新技术迭代“小步快跑”

大气的定量化“体检”需要多种观测仪器来配合，早期的气象卫星搭载的遥感仪器类似于简单的体温计和身高、体重测量设备。随着航天技术的发展，激光雷达、微波雷达、大气垂直 CT 探测仪等新技术和新设备不断被发明制造出来，气象卫星对地球大气的观测也越发准确。为了更好地测量大气的各项参数，气象卫星需要不断地进行技术迭代，每颗卫星的性能才得到提升。不断增加的新观测设备，满足了人们对日常天气预报精度不断提高的需求。气象工作者和航天工作者给这种模式起了个形象的名字——“小步快跑”，即通过技术不断更新迭代，最终实现气象卫星观测精度的大幅提升。

3. 多要素的综合观测

普通的成像卫星就像一家照相馆，根据客户的需求定时工作。只需要用一台相机给目标拍照，就可以完成任务了；而气象卫星就好比一家医院，为人们提供全面的体检服务，通过各种各样的设备，来实现大气环境的多要素、多指标、多维度定量化的观测。因此每颗气象卫星都是一个“多面手”，可携带多种气象观测仪器进行定量观测，特别是极地轨道气象卫星。2021 年 7 月发射的风云三号 E 星，携带 11 台气象观测仪器，包括光学成像仪、微波成像仪、高光谱 CT 探测仪、风场测量雷达等，不同气象观测仪器各自分工且相互协作。

4. 每天 24h 且全年无休业务运行

大气变化具有全球性和连续性，因此气象卫星的观测“是须臾不可或缺的”。气象卫星在天空中全年无休且每天 24h 连续不间断地工作，观测的数据近乎实时地传输至地面气象预报工作站。特别是每年进入汛期后，强降雨、台风等灾害天气频频“骚扰”，我国大部分地区更是需要气象卫星 24h 不间断“值班”。如果在台风生成和登陆、强降雨发生过程中，气象卫星不能有效地连续观测，将会给人们的财产带来巨大的损失并危及人们的生命安全。在极端天气事件的监测和预报中，气象卫星就像一个“哨兵”，时刻守护大家，因此气象卫星也被称为“气象防灾减灾第一道防线的前哨站”。

5. 始终追求国际先进水平

世界上能自主研制极地轨道气象卫星和地球静止轨道气象卫星的国家和国家集团主要有 3 个：中国、美国、欧盟。气象卫星的观测数据向全世界各国免费开放，因此全球气象工作者在使用卫星观测数据的过程中就会进行“货比三家”的横向比较。我国的每一代气象卫星在论证和研制过程中，始终追求国际先进水平。气象卫星的研制不仅体现了我国基础工业和制造业的最高水平，也不断牵引我国基础工业的发展和制造能力的提升。经过 50 多年的发展，我国气象卫星的观测能力和水平已经处于国际先进行列，在某些观测技术方面，我国已处于国际领先水平。

▼ 气象卫星，同台竞技

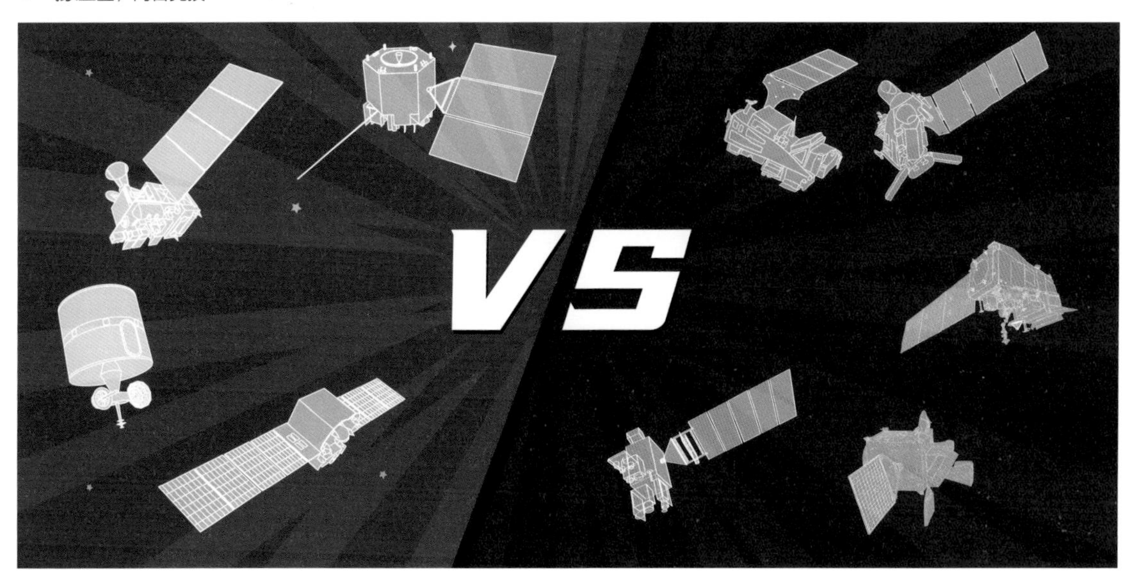

FY-4
FY-3
航空航天
科研
国防建设
水利
海洋
农业
林业
国土
交通
环保

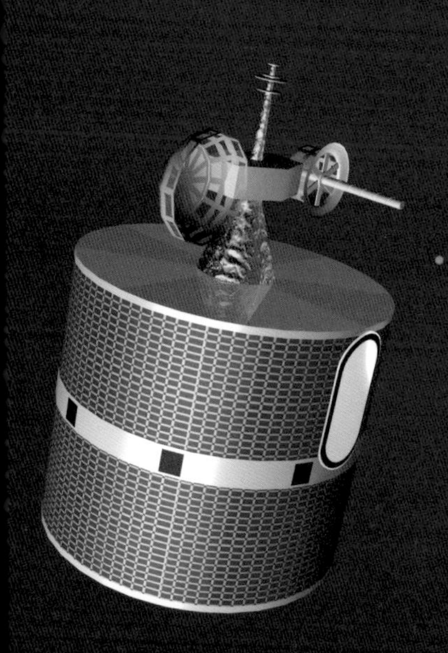

第 2 章

CHAPTER 2

气象卫星如何观测

气象卫星具有多种技能，是典型的“多面手”，除拿手的气象云图绘制、天气监测、气候监测和自然灾害监测外，还为陆表生态环境、海洋水体环境、大气环境等领域提供监测数据。气象卫星的数据和产品被广泛应用于气象、海洋、农业、林业、国土、水利、环保、交通、航空航天和国防建设等多个行业和领域，产生了良好的社会效益和经济效益，投入产出比超过 1∶40。当前风云气象卫星数据服务 120 多个国家和地区，已成为构建人类命运共同体的重要基础设施之一。

2.1 气象卫星探测原理及要素

气象卫星携带多种遥感仪器，可描绘地球云图，测量大气状态、大气成分以及它们的垂直分布。这些遥感仪器不直接接触观测目标，而是通过传感器接收观测目标反射或辐射的电磁波，对观测目标进行识别和物理属性的测量。

2.1.1 遥感和辐射的基本概念

气象卫星遥感仪器观测的基本原理是测量目标反射或辐射的电磁波。自然界的景物可以反射太阳光或其他光源的电磁辐射，同时目标自身也会向外辐射电磁波。电磁辐射包括宇宙射线、太阳辐射、地球大气热辐射、无线电辐射等。人眼可以看到的可见光只是电磁波谱中很小的一部分，电磁辐射还包括了人眼不可见的波长更短的X射线、紫外线，以及波长更长的红外辐射和微波辐射等。遥感仪器通过收集目标反射或辐射的电磁波实现气象探测。

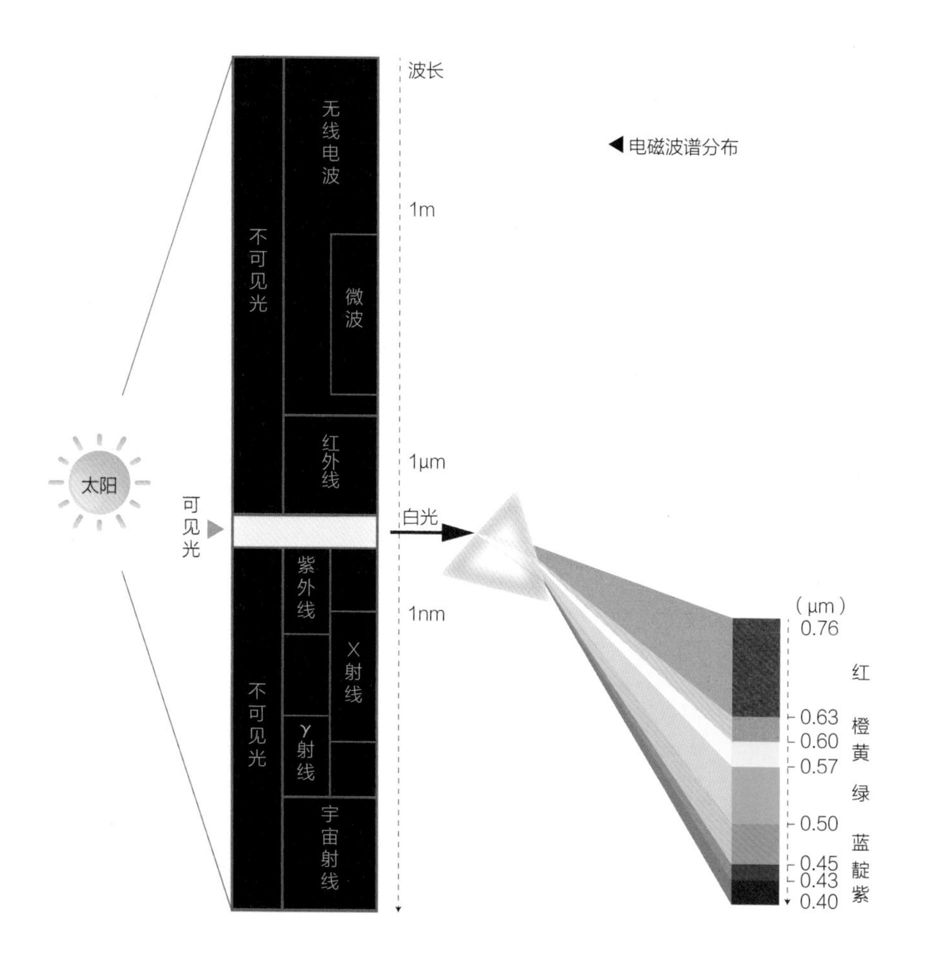

◀ 电磁波谱分布

2.1.2 太阳辐射和地球辐射

太阳辐射是指太阳向宇宙空间发射的电磁波。太阳辐射所传递的能量，称太阳辐射能。地球所接收到的太阳辐射能虽然仅为太阳向宇宙空间放射的总辐射能量的二十二亿分之一，却是地球大气运动的主要能量源泉，也是地球光热能的主要来源。

地球辐射又称长波辐射或热红外辐射。由地球（包括地面和大气）放射的电磁辐射，其波长范围为 4 ~ 120μm，辐射的最强波长约为 9.7μm，为长波辐射。地面的辐射能力主要取决于地面本身的温度。由于辐射能力随辐射体温度的增高而增强，所以，白天地面温度较高，地面辐射较强；夜间地面温度较低，地面辐射较弱。地面发出的长波辐射，除部分透过大气奔向宇宙外，大部分被大气中的水汽和二氧化碳所吸收，其中水汽对长波辐射的吸收更为显著。因此，大气（尤其是对流层中的大气）主要靠吸收地面辐射来增热。

到达地气系统（地球与大气形成的系统）的太阳辐射主要覆盖紫外线、可见光到红外线波段。地球发出的辐射主要在红外线波段，所以可以用短波通道（如 0.2~3.8μm）观测地气系统反射的太阳辐射，用全波通道（如 0.2~50μm）观测反射太阳辐射与射出长波红外辐射之和，剔除反射太阳辐射后即可得到地气系统辐射出的长波辐射。

宇宙中所有的物体都会放出辐射，其放出辐射的能量和辐射波长都取决于物体的温度。斯特藩 – 玻尔兹曼定律的公式定义了单位面积上的辐射能量，即

$$M_e = \sigma T^4$$

其中，M_e 指物体辐射的能量，与物体温度（T，K）的 4 次方成正比；σ 为斯特藩 – 玻尔兹曼常量，其数值为 5.67×10^{-8} W/(m^2 • K^4)。这样我们就可以比较一下太阳和地球的辐射差异，太阳平均表面温度是

6 000K，辐射的能量为 73 483 200W/m²；地球表面温度是 300K（约 27℃），辐射的能量为 459W/m²。可以看出，太阳辐射的能量约为地球辐射能量的 160 000 倍。

气象卫星小词典：维恩位移定律

维恩位移定律描述了物体的温度（T）和最大辐射能量所对应的波长（λ）的关系：

$$\lambda_{max} = C/T$$

维恩常数 C=2 898μm·K。以地球和太阳举例：

$$\lambda_{max}（太阳）= 2\ 898\mu m \cdot K / 6\ 000K = 0.483\mu m$$

$$\lambda_{max}（地球）= 2\ 898\mu m \cdot K / 300K = 9.66\mu m$$

如下图所示，太阳辐射的最大能量位于可见光波段，而地球辐射的能量位于红外波段，即太阳的辐射绝大部分为短波辐射，而温度低的地球辐射大部分为长波辐射。

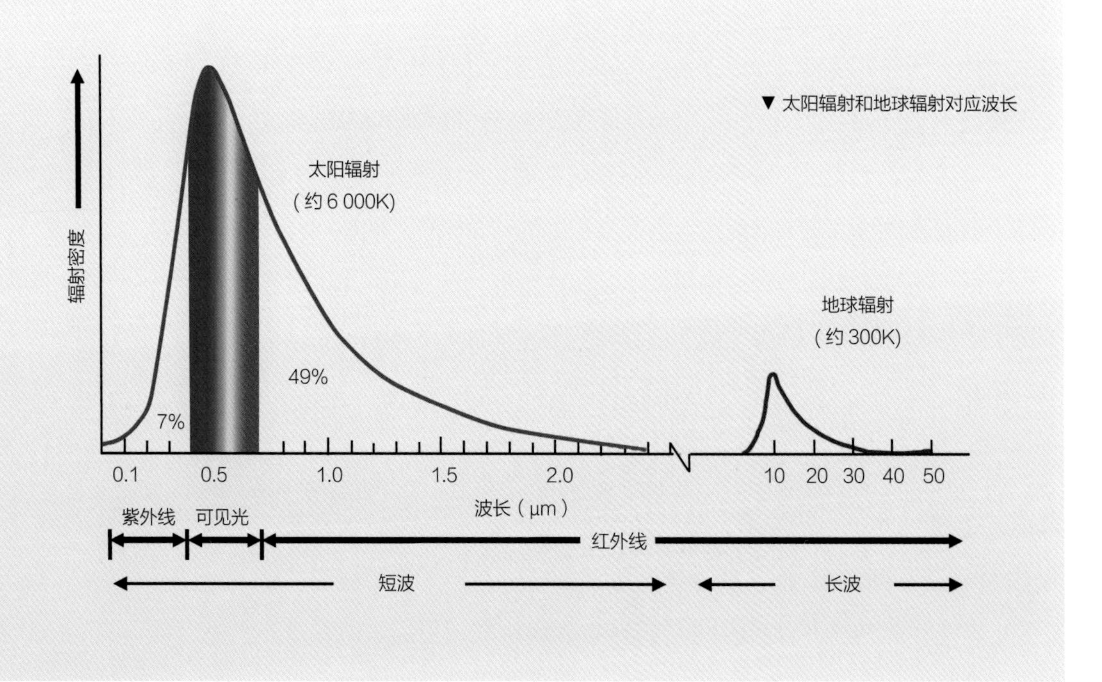

▼ 太阳辐射和地球辐射对应波长

2.1.3 地球大气及其辐射特性

地球及其大气是独一无二的，在太阳系中还没有哪颗行星与地球完全一样。由各种气体组成的大气为地球上的生物创造了良好的生存环境，因此，地球大气对人类的生存至关重要。在重力的作用下，绝大部分的地球大气汇集在地表附近，此处大气密度最大。如果说大气层是从地表开始向上扩展的，那么哪里是大气的尽头呢？大气又是如何随高度变化的呢？

根据温度的垂直分布，人们将大气分为 6 层：对流层、平流层、中间层、热层、外层和地冕。人类生存的对流层，是温度随高度降低的大气底层，由于冷空气在高处，暖空气在较低位置，该层大气极不稳定，极易发生大气气体的垂直运动，即冷空气下沉或暖空气上升，因此该层

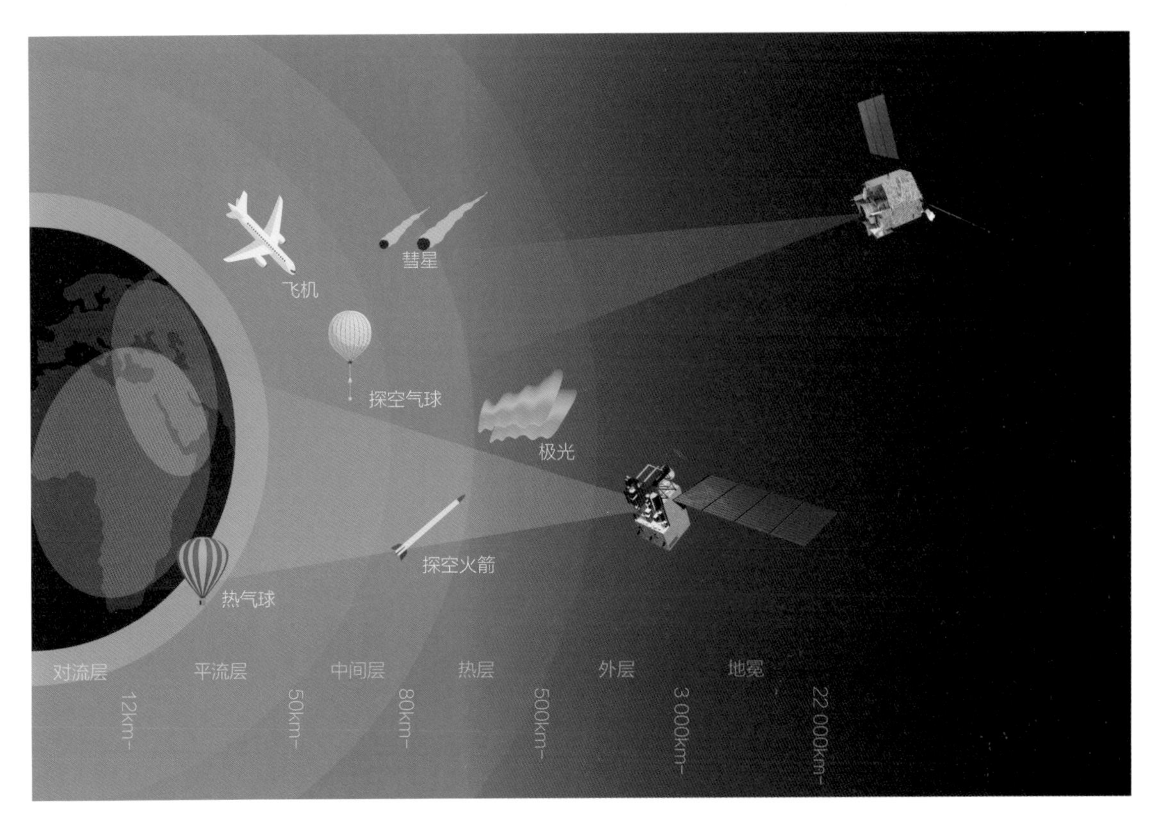

▲ 大气层结构示意

被称为“对流层”。对流层大气温度随单位高度增加的下降值称为垂直递减率，平均约为6.5 ℃/km。垂直递减率会随天气和季节的变化而变化，极端情况下在对流层一个较薄的气层，存在温度随高度升高的现象，称为逆温。对流层温度下降的现象从地面向上持续到大约 12km 的平均高度，但对流层的厚度并不是均匀的，热带地区对流层高度为 16km，两极地区对流层高度不超过 9km。对流层是气象领域关注的焦点，这主要是因为绝大多数天气现象发生在这一层，包括所有的云、降水以及剧烈的风暴。

对流层之上是平流层，对流层与平流层之间的边界称为对流层顶。从平流层开始到 20km 高度处，大气温度几乎保持不变，随后温度随高度急剧上升，一直持续到 50km 的平流层顶（温度为 0℃）。平流层温度随高度上升而上升的主要原因是该层内的臭氧吸收了太阳紫外辐射。由于温度随高度上升而上升，该层的大气稳定性很好，垂直运动较弱，大气主要呈水平流动，这也是该层取名平流层的主要原因。

在大气的第三层，即中间层，温度又开始随高度上升而下降，直到距离地面约 80km 的中间层顶，这里的平均温度约为 -90℃，大气层最低的温度出现在中间层顶。中间层底部处的气压已下降到海平面气压的百万分之一。中间层是整个大气层中人们了解较少的部分，飞行高度最高的飞机和探空气球都无法达到这一高度。随着卫星遥感和地基雷达探测技术的发展，人们逐渐对该层大气的成分、密度和风等要素有所了解。

中间层顶以上到 500km 高度的这一层为热层，该层只有很少量的气体，在这极端稀薄的最外层大气里面，因为氧原子和氮分子能吸收能量极大的太阳短波辐射，温度又开始随高度上升，热层最高温度可超过 1 000℃。其中，在高度 80 ~ 400km 处，氧原子和氮分子吸收太阳的高能量短波辐射后被电离形成电离层。由于吸收太阳辐射产生电离，因此电离层在白天和夜间表现出不同的特征。电离层对天气几乎没有影响，但它的波动会影响卫星导航与通信，进而影响人们的生活。同时，大气层最壮观的景象——极光也发生在电离层。

热层顶上被称为外层，它是大气的最外一层，也是大气层和星际空间的过渡层。外层空气极其稀薄，空气质点碰撞机会很小，气温也随高度增加而升高。由于气温很高，空气粒子运动速度很快，又因距地球表面远，受地球引力作用小，故一些高速运动的空气质点不断散逸到星际空间，因此，外层又被称为散逸层。

宇宙火箭资料证明，在地球大气层外的空间，还围绕着由电离气体组成的极稀薄的大气层，称为“地冕”，它一直伸展到 22 000km 的高度。由此可见，大气层与星际空间是逐渐过渡的，并没有明显的界限。

气象卫星接收到的辐射主要包括：地面和云面发出的红外辐射，地面和云面反射的太阳辐射，大气各成分自身的向上的红外辐射，地面和云面反射的大气层顶向下的红外辐射，大气对太阳辐射的散射辐射。

太阳到达地球的辐射能量中约 20% 被大气中的各种气体吸收，剩下的大部分能量穿过大气层被地表的陆地和海洋吸收。各种气体对太阳辐射的吸收是选择性的，太阳辐射的能量主要集中在波长小于 2.5μm 的短波辐射。地球大气中的氧气和臭氧吸收了绝大多数波长 0.3μm 以

▼ 地球接收到的辐射与发射辐射（辐射收支）示意图

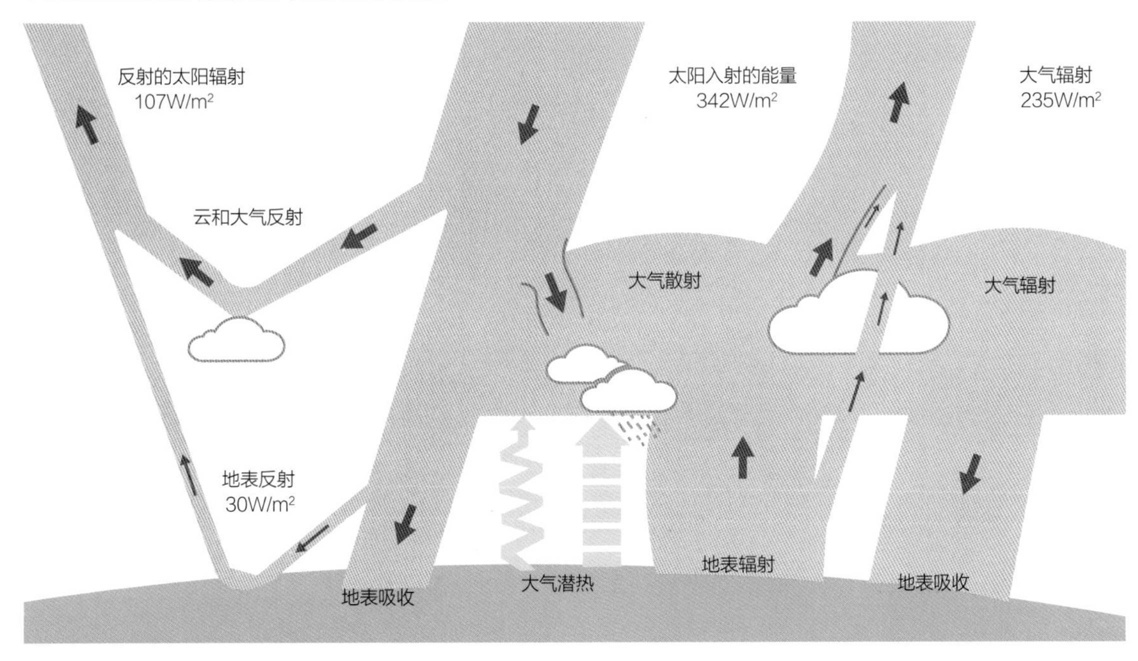

下的辐射，对于可见光波段，大气的吸收很少，相当于是透明的，因此大量的太阳辐射可以穿过地球大气层到达地表。大气中的水汽对红外线波长为 8~10μm 的辐射存在较强的吸收作用。

太阳辐射在大气中传输时受到大气吸收和辐射的影响，大气中的不同气体成分会吸收特定波长的辐射，如臭氧吸收了绝大部分的紫外线辐射。不同波长处的大气吸收差异很大，吸收能力很强的波段称为吸收带，吸收能力很弱或没有吸收能力的波段称为大气窗口（这些波段的辐射可以像光通过窗户那样透过大气）。

气象卫星对地表和大气信息的观测主要依赖于辐射与大气和地表之间的相互作用（即吸收、散射、反射、发射等），在大气窗口区波段可以测量地面、云层反射或发射的辐射，从而可以得到地表、云面的反射特性和温度分布；在吸收带进行测量，可以得到大气温湿度和大气成分。根据不同的测量目的，卫星会选择多种波长进行遥感探测，每种波长通常称为一个通道，通道数越多，对辐射波长的区分越细。

▼ 地球大气对太阳辐射的选择性吸收

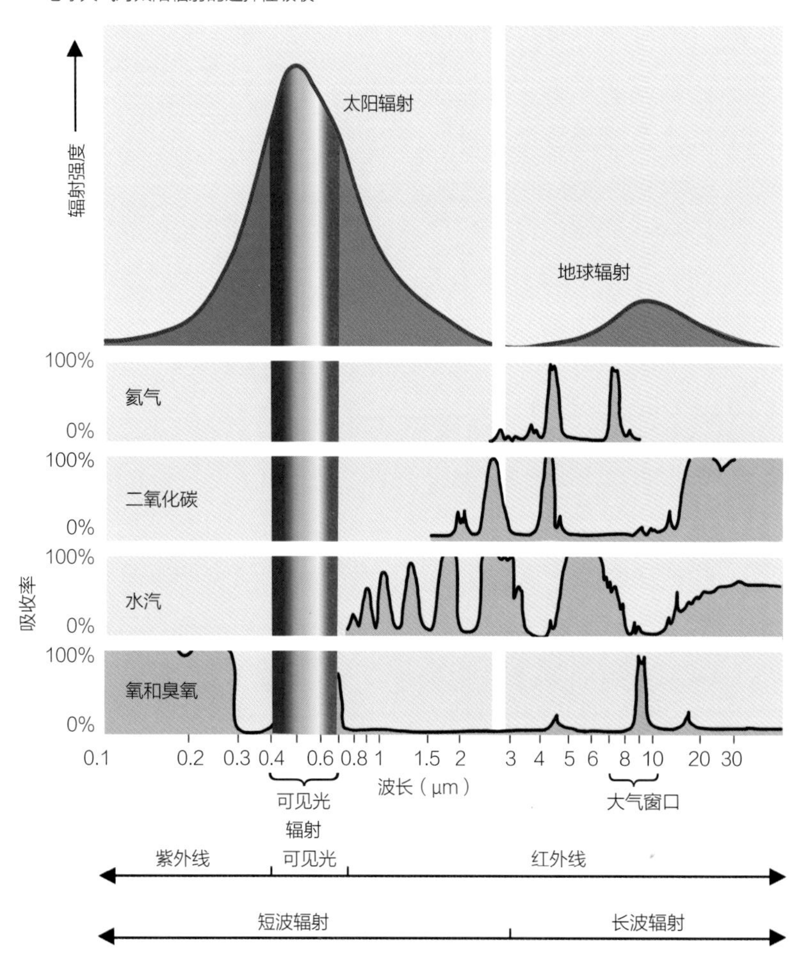

▼卫星仪器使用的精细探测波长和波段

波长和波段范围	观测目标
0.45 ~ 0.49μm	气溶胶，真彩色合成
0.50 ~ 0.55μm	气溶胶，真彩色合成
0.45 ~ 0.75μm	植被
0.63 ~ 0.67μm	气溶胶，真彩色合成
0.75 ~ 0.90μm	植被，水面上空气溶胶
1.371 ~ 1.386μm	卷云
1.58 ~ 1.64μm	低云 / 雪识别，水云 / 冰云判识
2.10 ~ 2.35μm	卷云、气溶胶，粒子大小
3.50 ~ 4.00μm	低反照率目标，地表，火点
5.80 ~ 6.70μm	高层水汽
6.75 ~ 7.15μm	中层水汽
7.24 ~ 7.60μm	低层水汽
8.30 ~ 8.80μm	云
9.42 ~ 9.80μm	对流层高层信息
10.30 ~ 11.30μm	云、地表温度等
11.50 ~ 12.50μm	云、总水汽量，地表温度
13.00 ~ 13.60μm	云、水汽
10.65GHz	海面强降水，陆表特征参量产品
18.70GHz	海面降水，陆表特征参量产品
23.80GHz	海面水汽总量
36.50GHz	降水，陆表特征参量产品
50.30~60GHz	30~950hPa 大气温度
89GHz	海面和陆地区域降水、降雪，陆表特征参量产品
118GHz	地表 ~900hPa 温度
183GHz	450~800hPa 大气水汽
380GHz	250~650hPa 大气水汽
424GHz	6~600hPa 大气温度

2.2 卫星云图对天气预报有什么帮助

天气对人们的生活和生产十分重要，穿衣、饮食和出行等都依赖于天气，天气预报与人们的日常生活息息相关。气象卫星从遥远的太空拍摄云图，为天气预报提供数据，每天晚上紧随《新闻联播》之后播放的《天气预报》中使用的云图就是由风云气象卫星拍摄而来的。

2.2.1 天气预报需要哪些工作

1. 什么是天气

天气是指一个地方瞬时或较短时间内的风、云、降水、温度、气压等气象要素的综合状态，也就是人们能够看到和感受到的对日常生活产生影响的阴、晴、冷、暖、干、湿等大气现象。天气是由大气运动导致的。

▲ 天气预报

▲ 天气现象符号

2. 典型的天气现象

天气现象是指在大气中发生的各种自然现象，即某瞬时大气中的各种气象要素，如气温、气压、湿度、风、云、雾、雨、雪、霜、雷、雹等，在大气空间分布的综合表现。典型天气现象根据类型可分为：降水现象、

▲ 雨夹雪

▲ 雾凇

地面凝结现象、视程障碍现象、雷电现象及其他现象。

① 降水现象：根据降水物形态共分 11 种，分别是：

液态降水——雨、毛毛雨、阵雨；

固态降水——雪、冰粒、米雪、阵雪、霰、冰雹；

混合型降水——雨夹雪、阵性雨夹雪。

② 地面凝结现象：包括露、霜、雾凇、雨凇 4 种。

▲ 沙尘暴

▲ 闪电

▲ 龙卷风

③ 视程障碍现象：包括大雾、浓雾、轻雾、吹雪、雪暴、烟幕、霾、沙尘暴（强沙尘暴、超强沙尘暴）、扬沙、浮尘。

④ 雷电现象：雷暴、闪电、极光。

⑤ 其他现象：风、飑、龙卷风、尘卷风、冰针、积雪、结冰。

3. 什么是天气预报

一场战争推动了天气预报的发展。19 世纪中叶，英国、法国和俄国等国之间爆发了克里米亚战争，在这场战争中，铁甲船和电报首次被使用，火车首次被用来补给前线。在天气预报发展史上，这场战争尤其值得关注。

1854 年 11 月 14 日，风暴的突然降临重创了集结在黑海的英法联军舰队，事后通过分析 1854 年 11 月 12—16 日 5 天的气象资料，巴黎天文台台长勒弗里埃认为，如果组建气象台站网，用电报迅速收集各站点的气象观测资料，绘制出天气图进行天气预报，那么损失是可以避免的。从此，天气图预报的方法在欧洲开始得到推广，并很快普及到世界各地，开启了现代天气预报的新纪元。

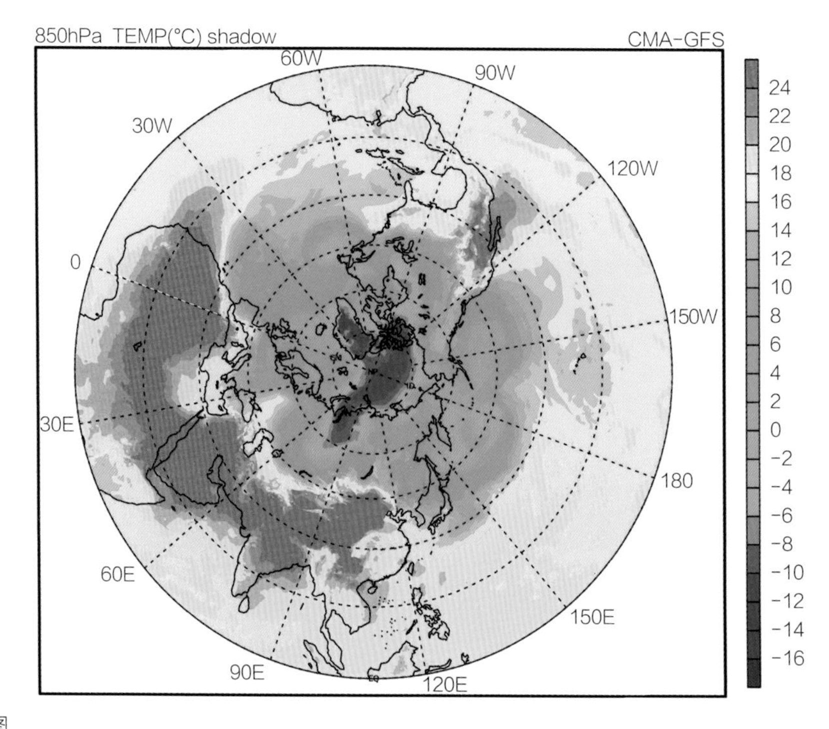

▶ 北半球温度分布预报图

天气预报是指把大气作为研究对象，对某区域未来一定时段内的大气运动状况做出预报。具体来讲，天气预报是应用大气变化的规律，根据当前及近期的天气形势，对某一地区未来一定时期内的天气状况进行预测。它是根据对卫星云图和天气图的分析，结合有关气象资料、地形和季节特点、大众经验等综合研究后做出的。天气预报是由各国家、各地区的气象部门发布的，它告知人们未来天气的情况，使人们能根据天气变化和天气状况来安排生产、生活。

在天气预报业务中，根据预报时效的长短对预报进行分类。一般时效在 0~2h 的预报称为临近预报；0~12h 的预报称为短时预报；3 天以内的预报称为短期预报；4~10 天的预报称为中期预报；10 天以上、月、季、年的预报称为长期预报。中央电视台每天播放的主要是短期天气预报。

2.2.2 气象卫星看到的云

地球上超过 50% 的区域都覆盖着云，云不仅是降雨的关键因素，而且对全球能量的传输和平衡起着重要作用。气象卫星上的遥感仪器通过对云或地表反射和辐射的探测获得卫星云图，从多通道卫星图像上可以区分出云和晴空地表，通过对云的色调、形状、纹理、边界、大小、

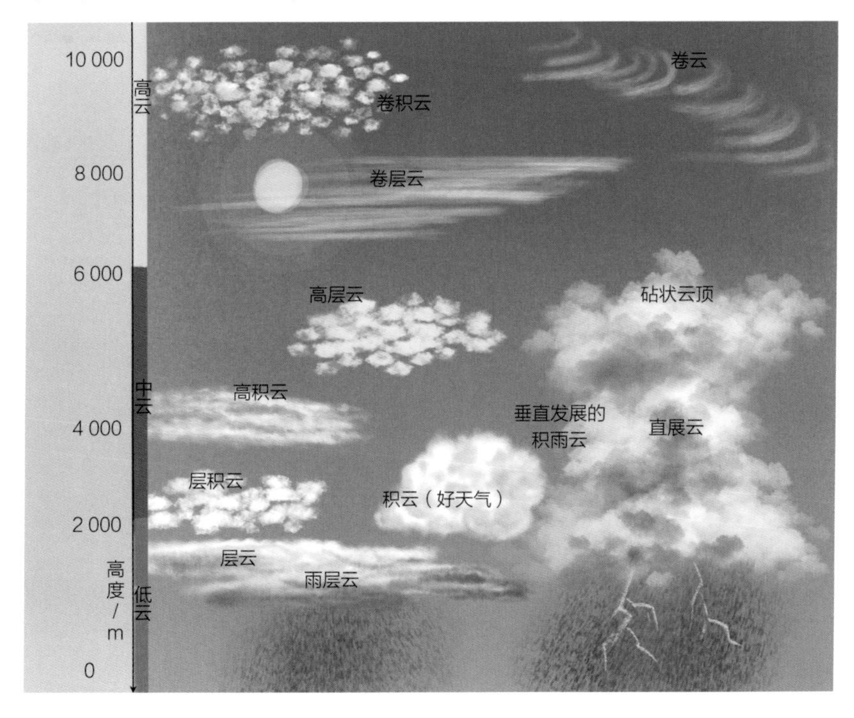

◀ 不同类型的云

▲ 风云四号 A 星监测的梅雨锋云系

▲ 风云三号 D 星监测的中高纬度双锋面气旋云系

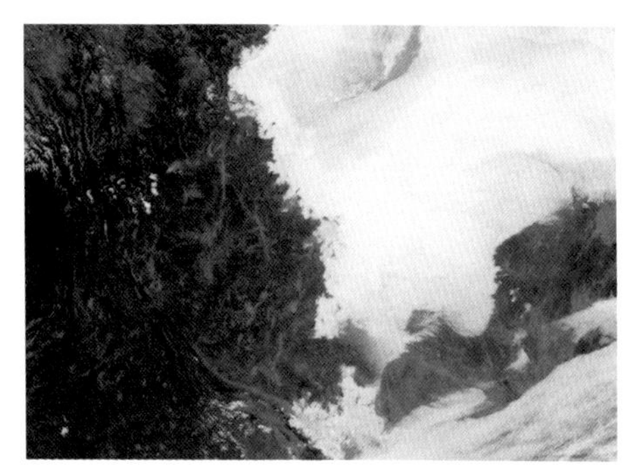

▲ 风云三号 D 星监测的准静止锋云系

明暗等特征的判识和分析，能够区分出不同种类的云和云系。根据云的特性和形成过程将云进行归类，通常考虑的几个因素是：云的外观、高度、形成过程和云粒子组成。我国按云底高度将云分为低、中、高 3 族，然后再区分为 10 属（卷云、卷层云、卷积云、高层云、高积云、层云、层积云、雨层云、积云和积雨云），并进一步细分为 29 类（如淡积云、碎积云、透光层积云、堡状高积云、毛卷云等）。

气象卫星可以看到大小不同和形状不一的云系，风云四号 A 星监测的梅雨锋云系是东亚地区特有的大尺度云系，从我国江淮流域向东延伸至日本一带，可稳定维持多日，与东亚夏季风进退密切相关。梅雨锋云系，由高中低不同高度的卷云、层状云和积雨云等构成，梅雨锋对应的雨带常产生暴雨，但分布不均，常有数个暴雨中心。

风云三号 D 星监测的中高纬度双锋面气旋云系是大气环流在中高纬度地区由于冷暖气流相交汇形成的，在地面上对应低气压，平均直径为 1 000km，常带来大风降温和降雨等天气。

冬天时，云南与贵州交界地区存在较为稳定的云系。当冷空气到达四川、贵州和云南一带时，由于受云贵高原山脉的阻挡，其移动速度减慢，就成为准静止锋云系。冷空气堆积在西南地区，位于西北东南走向山脉的东北一侧，以致准静止锋云系前界与地形等高线走向完全一致，呈西北 – 东南走向，云的西南边界十分整齐，云区的下界与山脉相交，这就是准静止锋的位置。昆明准静止锋云系很宽广，由稳定的层状云组成，常伴有连续性降水。

2.2.3　卫星云图与天气预报

人们在出门前会习惯性看一下天气预报，带不带伞、是否增减衣物、选择哪种交通工具等均与天气密切相关。云是大气中各种气象要素综合作用的结果，更是天气预报中的基础判定因素之一。有什么样的云就可能发生什么样的天气，过去人们观云测天只能是从地面上了解我们头顶上小范围云的变化，这样预测天气有很大的局限性。气象卫星可以从高空定时给地球拍照，以获得云变化的准确信息。这些拍摄的照片可以呈现不同范围、连续分布的云系，可以直观、真实地反映不同尺度天气系统的现状，以此对未来的演变信息加以预报。

气象卫星云图是气象卫星仪器所拍摄的大气中的云层分布图像信息，可在单一影像上显现各种尺度的天气现象，为天气分析与预报提供非常有价值的遥测资料。气象卫星云图可以分为可见光云图、红外云图及水汽云图。

◀ 风云三号 D 星拍摄的气象卫星云图

可见光云图是利用云顶反射太阳光的特性通过光学仪器成像获得的，通常在太阳光照条件合适的白昼采集生成。可见光云图可较好地反映云层覆盖的区域和厚度：厚云层反射能力强，呈现亮白色；薄云层反射能力较弱，呈现暗灰色。

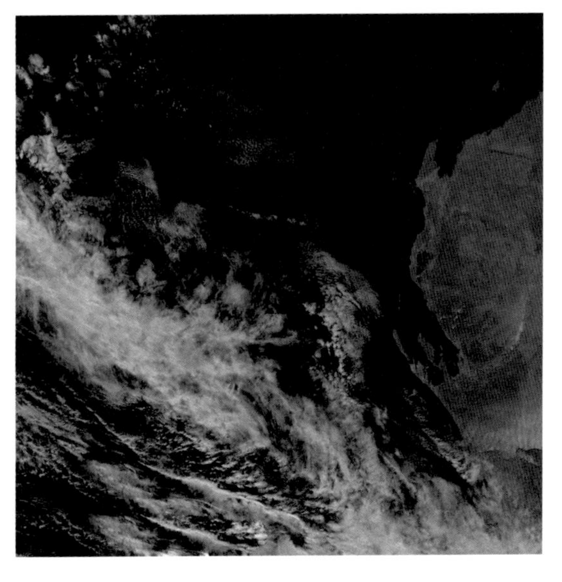

◀ 风云四号 B 星观测到的澳大利亚西北区域可见光波段图像，直观展示了云、陆地和海洋等不同目标的特性和区别

红外云图是利用气象卫星携带的红外遥感仪器测量获得的云层温度信息。通常情况下，越接近地面的云层温度越高，因此可通过云顶的温度来推断云层的高度：温度低的云层呈现亮白色，表明此处云层所处高度较高；温度高的云层呈现暗灰色，表明此处云层所处高度较低。

▶风云四号 A 星拍摄的红外云图

水汽云图是气象卫星在水汽通道（光谱范围为 6~7μm，属红外波段）获取的遥感图像。可通过卫星接收到的水汽云图图像亮度判断大气中水汽含量：水汽云图中图像色调越白，气象卫星所接收到的辐射能量越小，表明大气中水汽含量越高；水汽云图中图像色调越暗，气象卫星所接收到的辐射能量越大，大气中水汽含量越低。

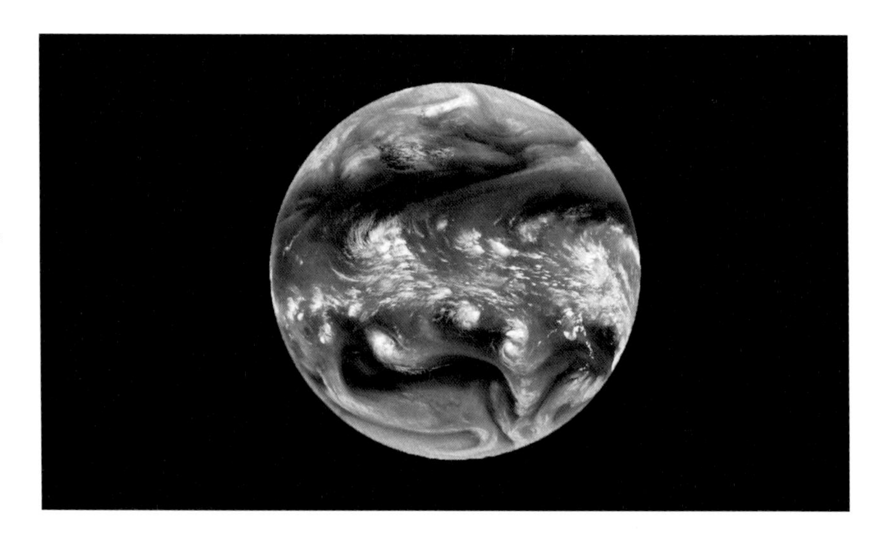

▶风云四号 A 星拍摄的水汽云图

卫星云图可以帮助气象工作者直观地看到云系的演变过程，提供对台风、暴雨、大雾、沙尘暴等灾害性天气的实时监测，提高预报水平。

◀ 风云四号 A 星对河南郑州 2021 年 7 月 21 日特大暴雨的监测（中央气象台发布）

短短几分钟的云图变化，与地面探测到的气象参数及数值天气预报结果等信息结合在一起综合分析，就能做出更为精准的天气预报。如今我们收看的天气预报，背后都离不开风云气象卫星所监测到的云图信息。人们通过电视、网络、手机 App 等平台可以获取最新的天气信息，天气信息为人们的生产、生活提供了重要保障。

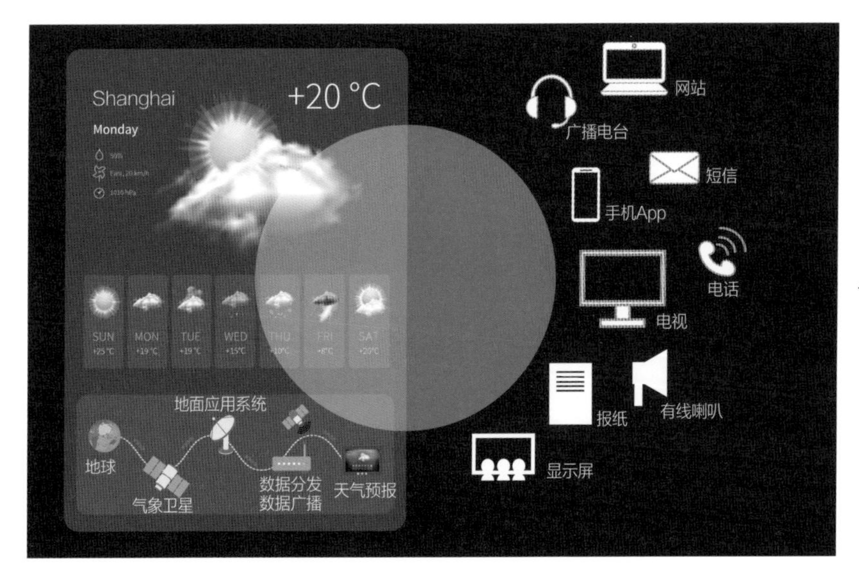

◀ 气象预报信息发布渠道

2.3 气象卫星在数值天气预报中的应用

天气预报的发展历经民间经验预报、单站预报、天气图预报等过程，目前已经发展到数值预报阶段。数值天气预报（numerical weather prediction）是指根据大气实际情况，建立大气演变过程的数学模型（由大气流体力学和热力学的方程组构成），在一定的初始条件和边界约束条件下，通过大型计算机求解描述大气运动规律的数值模型（求解方程组），计算出未来一段时间无限逼近真实气象参数的大气状态，进而预测未来一段时间的大气运动状态和天气现象。数值天气预报产品具有定量客观的特点。

2.3.1 数值天气预报基本原理

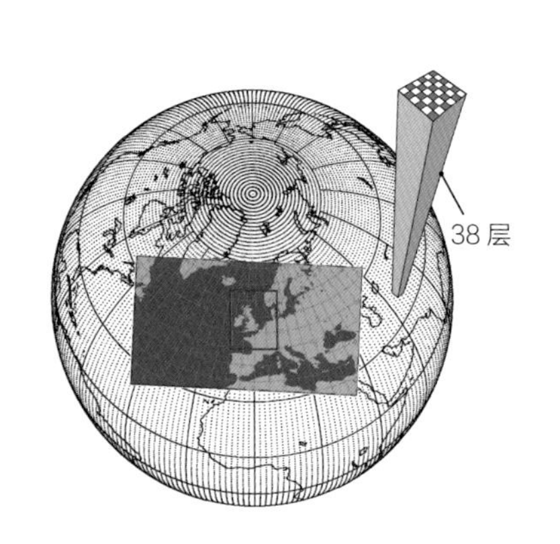

▲ 数值天气预报模式网格

数值天气预报的理论基础是牛顿经典力学、流体力学和热力学等物理学理论，可用数学模型给出描述旋转地球大气运动的方程组。该方程组共有 7 个变量：纬向风速、经向风速、垂直风速、温度、气压、密度和湿度。目前，人类尚不能给出该方程组的精确解，只能将该方程组简化为计算机可以求解的方程组来求解，而围绕方程组建立的各种数学模型就是通常所说的数值天气预报模式。在数值计算过程中，数值天气预报模式的空间水平网格间距一般在几千米至几十千米，垂直层数分布不均（低层密集，高层稀疏）；在每个格点都有 7 个变量描述大气状态，而格点数往往超过 1 000 万个！数值计算的维数是格点数的 7 倍，因此，求解方程组的计算量是惊人的。

数值天气预报的“初始条件和边界约束条件”是指预报开始时刻对大气状态的一种量化描述，也是进行数值预报的前提。初始条件的生成以气象观测数据为基础，即方程组的 7 个变量（纬向风速、经向风速、垂直风速、温度、气压、密度和湿度），可以通过地面观测站、高空气象气球、飞机、飞艇、探空火箭、气象卫星等多种方式获得。由于气象卫星资料获取速度快、覆盖范围广、时空分辨率高、可连续观测以及不受时间、地域和天气条件的影响，其在初始数据中占比超过了 90%，是最重要的观测资料来源。随着气象卫星遥感技术的发展，大量气象卫星观测资料加入数值天气预报模式，使中短期天气预报的能力和精度大幅提升。

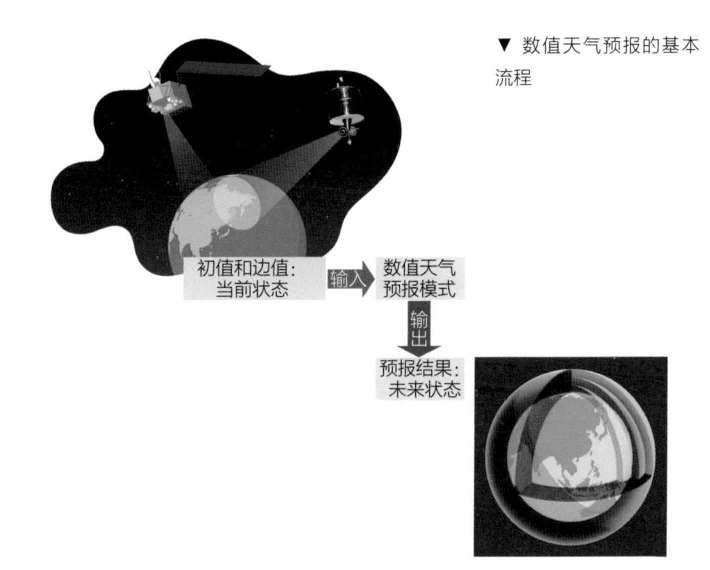

▼ 数值天气预报的基本流程

1981—2019 年，数值天气预报的精度不断提高。与南半球相比，北半球的天气预报准确率较高，这主要是因为北半球陆地较多，人类活动主要集中在北半球，地面气象观测站比较密集，数据更为丰富；南半球大部分区域被海洋覆盖，地面气象观测设备较少。随着气象卫星观测范围及观测精度的提高，南北半球天气预报准确率差距逐渐缩小，在青藏高原山区、南半球海洋覆盖区域等地面观测数据缺失区域，预报精度的提升归功于气象卫星的发展。

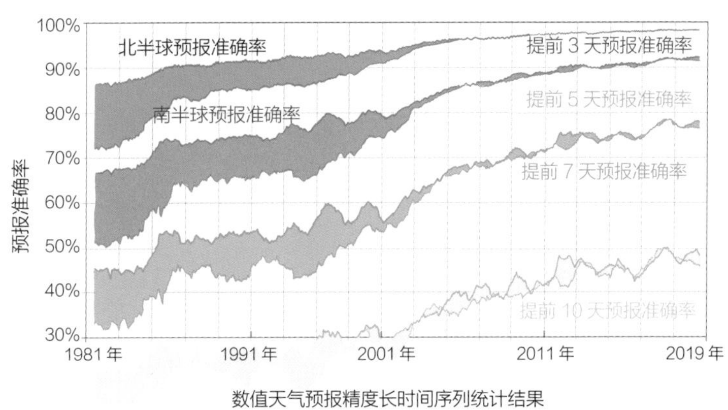

▲ 南北半球数值天气预报准确率随观测手段的提升逐渐趋于一致

2.3.2 气象卫星观测资料数值预报“同化”

气候过程、大气化学、大气动力学和地球表面（陆地和海洋）过程及它们之间的相互作用是控制地球大气运动的最重要因素。一个高精度和长时效的数值预报模式一定要包括上述4个方面的物理过程和化学过程。将不同空间、不同时间、采用不同观测手段获得的观测数据融入数值天气预报模式，在多种不确定方程解与实际观测值之间找到一个误差最小的最优解的过程，称为气象卫星观测资料同化。高精度的观测数据包含的大气（降水、水汽、二氧化碳、臭氧等）、海洋（海表温度、海面风场等）、陆地（地表反照率、地表温度、地表类型等）等要素，只有观测资料精度足够高才能使得观测数据与真实值（真值）误差小于一定阈值。可见，数值天气预报的准确率与气象卫星遥感观测资料的精度密不可分，不论是初始场的精度改善，还是同化模块都需要高精度定量的遥感观测数据。

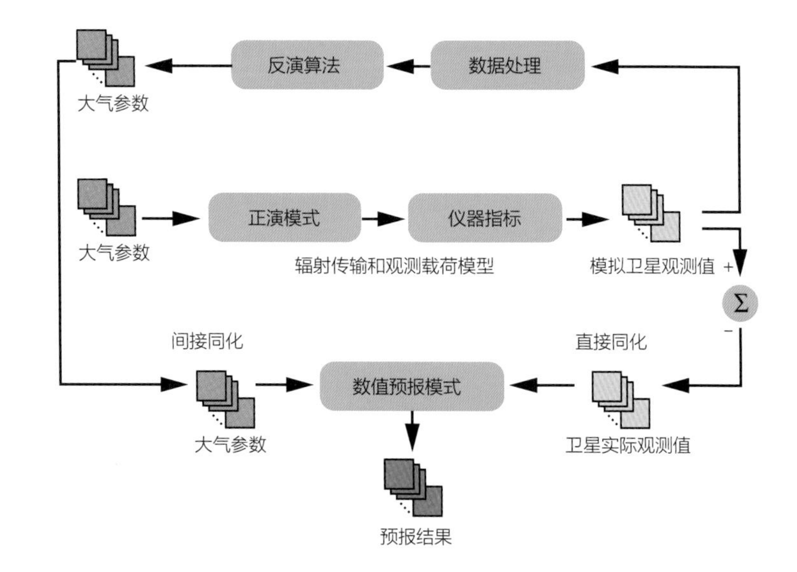

▶ 数值天气预报的同化过程

与普通的数码相机一样，气象卫星遥感仪器的输出为数字量（digital number，DN），要得到高精度的大气物理量（温度、湿度、风速和风向等），就需要建立数字量与大气物理量的关联。这种获得目标定量物理参数的遥感过程称为定量遥感，而从数字量获得辐射量的过程称为定标，从辐射量获得大气物理参数的过程称为反演。气象卫星遥感仪器均为定量化遥感仪器，因此在卫星发射前，需在实验室得到仪器数字量与辐射量的关联，相当于给一把尺子标上刻度的过程。定标是气象卫星遥感应用的前提，也是气象遥感仪器检验性能指标是否满足用户需求的关键环节。遥感数据定量化反演是数值预报应用的前提，也是气象卫星的灵魂。

2.4 气象卫星在气候监测和预测中的应用

人们常常会问，气候与天气有什么区别呢？天气是指一个地方瞬时或较短时间内的天气现象，而气候是天气的长期集合，指对一个地方长期的、有规律的天气特征加以概括总结，得到的大气平均状态。经典的气候学概念包括温（温度）、压（气压）、湿（降水）3 个要素。世界气象组织规定，能够揭示气候特征的最短年限为 30 年，就是说，至少要有 30 年的气象记录才能研究一个地方的气候特征。广义的气候监测是对地球系统 5 大圈层（大气圈、水圈、岩石圈、冰雪圈、生物圈）的监测，卫星资料的全球覆盖、高时空分辨率等特点在对各大圈层的监测方面具有独特的优势。气候预测需要更长时间序列的观测数据，我国的气象卫星实现业务化运行已有近 40 年历史，这期间积累了大量的卫星对地遥感资料，支撑和牵引着气候业务的发展。

2.4.1 大气温湿度监测

气温和湿度是天气预报的直接对象，也是天气的基本构成要素。为了深入了解大气温度的三维分布，需要对大气温度垂直廓线进行探测。大气探测仪所获取的大气热动力参数是很多实际工程和科学应用重要的数据来源。例如数值天气预报和气候研究中，大气温湿度廓线是最基本的气象参数。大气温湿度廓线是温度、湿度等气象要素垂直分布的曲线或函数。大气温度垂直廓线可用于大气热力结构分析。大气湿度垂直廓线可用于水汽场分析，也能够用于数值天气预报的同化分析以及气候变化研究等。

大气温湿度是表示空气冷热程度以及水汽含量和潮湿程度的物理量。要想通过卫星遥感获得大气温湿度廓线，那么观测的发射源必须是含量丰富、分布均匀的已知气体。在地球大气中，含量占比 20.9% 的氧气和含量占比 0.04% 的二氧化碳可用于测量大气的温度。基于大气中的水汽对于辐射的吸收特性，可以用获取的卫星遥感数据反演出大气中的水汽含量。

气象卫星小词典：大气温湿度廓线探测

大气温湿度廓线的探测手段主要是基于星载的光学与微波载荷，利用氧气与二氧化碳的吸收带反演获取大气温度廓线，通过水汽的吸收带反演获取大气湿度廓线。高光谱红外遥感相比之前的多光谱卫星资料，可以反演得到更高垂直分辨率的大气温湿度廓线，同时微波遥感载荷通过多频段通道信息也可以获取大气温湿度廓线信息，但是垂直分辨率远没有高光谱红外遥感仪器高。高光谱的红外载荷主要有国外的大气红外探测仪AIRS、高光谱红外探测仪CrIS、超高光谱大气探测器IASI以及国内的红外高光谱大气探测仪HIRAS、地球同步轨道干涉式红外探测仪GIIRS等。

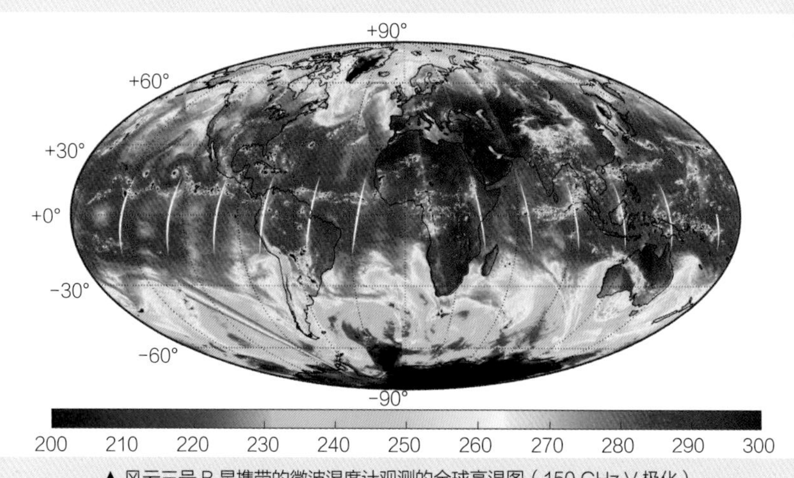

▲ 风云三号 B 星携带的微波湿度计观测的全球亮温图（150 GHz V 极化）

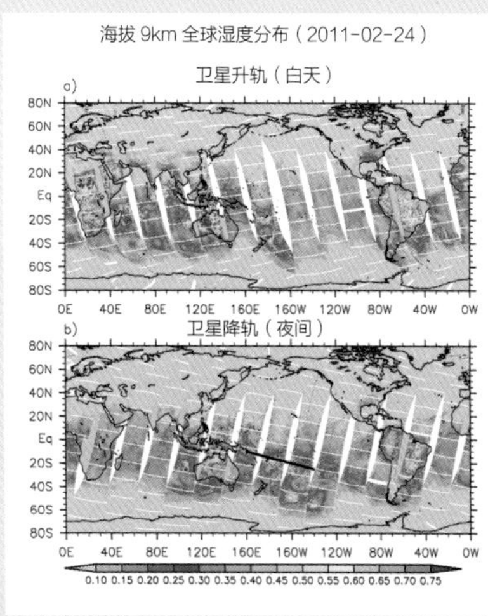

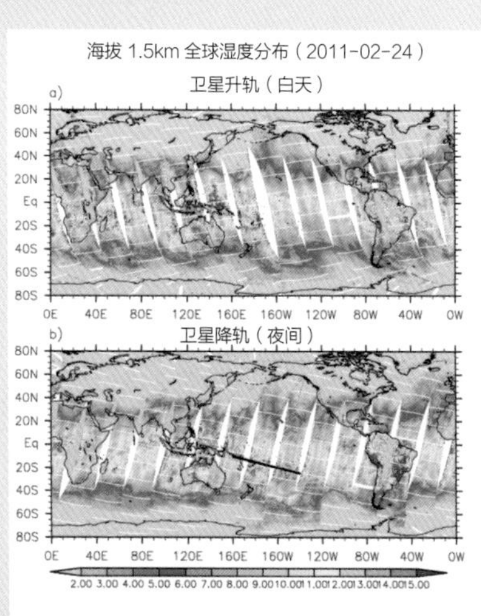

▲ 从风云三号 B 星监测到的图像中反演全球湿度分布图

2.4.2 海面风场监测

海面风场是全球和区域海洋环流的主要动力，调节海洋与大气之间水汽、热量以及物质的交换，影响着海洋天气形势的发展演变过程。在气象预报、海洋模式研究、全球及区域气候变化研究中，海面风场具有十分重要的作用。此外，海面风场是影响航海、海上作业、渔业生产等的主要因素，因此海面风场观测是优化航线、保障航路安全、避免台风、开展搜索和救援工作的关键。

目前，海面风场的测风手段一般分为两类：常规观测手段和卫星遥感观测手段。常规观测手段包括船舶、浮标、地面观测站等，但观测手段的局限性导致其获取的有效观测数据非常有限，且一般局限在北半球中纬度区域。卫星遥感观测手段能够在很大程度上弥补常规观测手段的不足，可以大面积同步进行测量，并且具有获取速度快、覆盖范围广、时空分辨率高、可连续观测以及不受时间和天气条件的影响等优势。

海面风场的卫星遥感观测手段可分为被动观测和主动观测。被动观测以辐射计为主，通过不同频率或极化接收到的辐射差异来反演风速矢量，目前主要有微波成像仪、全极化微波辐射计等。主动观测以散射计

▼ 风云三号 E 星监测到的月平均海面风场

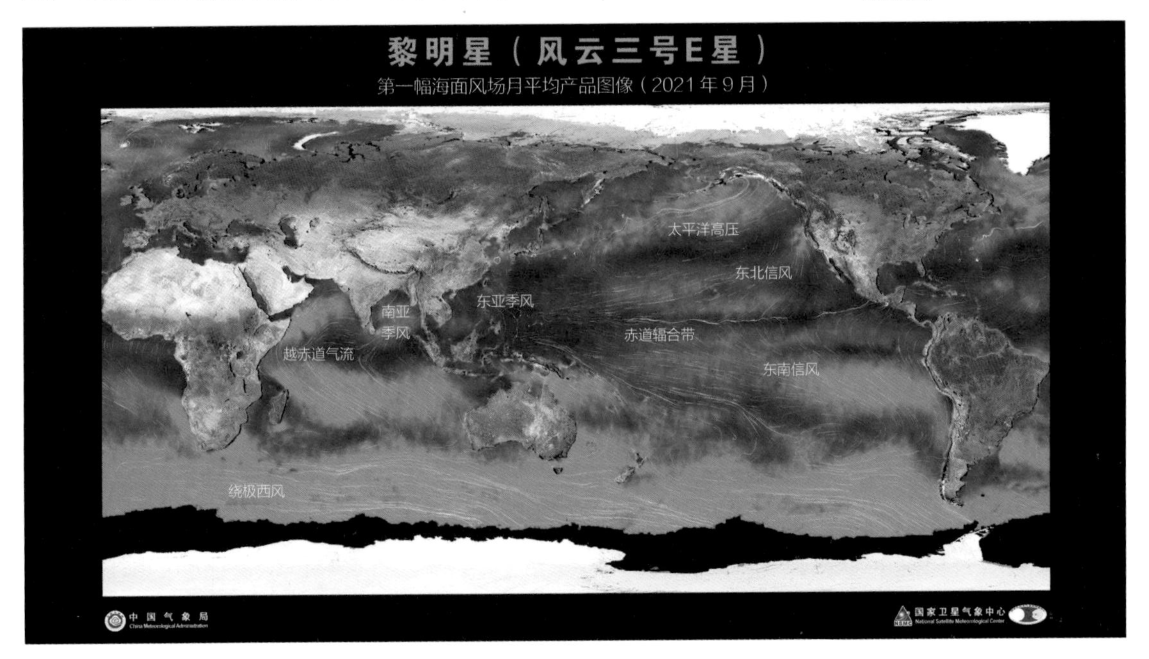

为主，通过测量仪器发射的电磁波与由于海浪影响所接收的反射回波信号的差异反演海面风场矢量。主动测风可以实现更高的风速测量精度、更大的风速测量范围，目前主要的测风仪有海洋散射计、风场测量雷达等。

2.4.3 冰雪监测

积雪和云在可见光通道上对太阳辐射有较高的反照率，在红外通道上则表现为低的热辐射温度，因此易于与其他地物特征相区别；在几天时间内，云的变化甚大，积雪变化较小，据此又可把积雪与云相区别。冰雪的电磁辐射特性随冰雪覆盖厚度、结构以及液态水含量的变化而变化，这是微波探测冰雪信息的物理基础。研究表明：冰雪覆盖的微波辐射随积雪深度的增加而减少。除此以外，冰雪粒子的大小和液态水含量也对微波辐射产生较大的影响。

积雪监测可以使用的手段有可见光红外成像、微波辐射测量等，还可以使用主动探测手段，如中低频后向散射雷达、合成孔径雷达成像等。目前国内的冰雪探测精度还不够高，与期望的探测精度要求仍有较大差距，这

▼2021年11月08日13:00，风云四号A星监测到的雾/雪

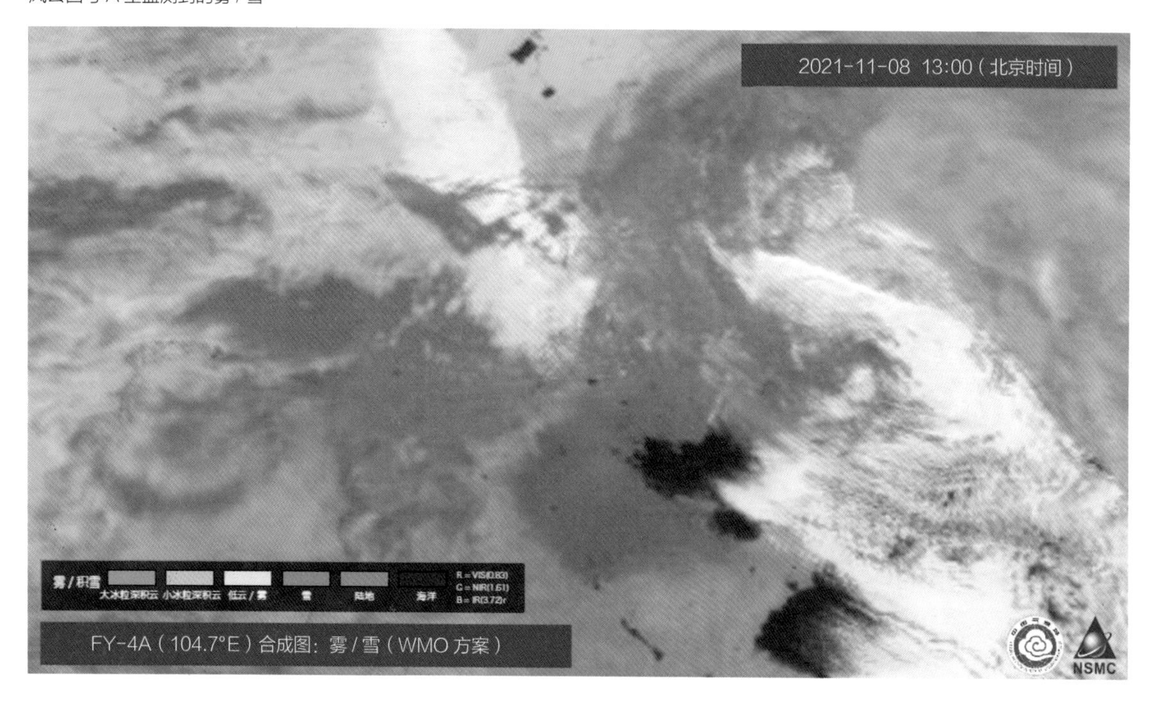

对未来气象卫星载荷的探测性能、精度等提出了更高的需求。

风云三号卫星中分辨率光谱成像仪能有效地区分积雪和云。2021年11月，在内蒙古、新疆、青海、西藏遭遇暴雪期间，国家卫星气象中心制作的积雪覆盖图像成为救灾决策的重要科学依据。利用风云三号卫星中分辨率光谱成像仪资料制作的积雪覆盖监测图，反映了积雪覆盖在地面的持续时间，为评估雪灾程度和范围提供了有效信息。

云层遇到冷气流，降温的同时释放热量，凝固成小冰晶，落到地上形成了冰雪。地球上的冰雪包括季节性积雪、大陆冰盖和海冰等。冰雪覆盖的季节性变化，与全球平均气温的变化息息相关。对全球冰雪的动态监测可以实现对天气以及气候变化的观测和预报，有助于全球环境变化趋势的研究，同时冰雪监测还能够辅助对土壤干旱和洪涝的预测。

海冰主要分布在南北极两极地区，全球极区海冰覆盖产品（指南极或北极地区海洋上冰的覆盖区域）可以服务于渔业、航运等多个领域。利用长时间序列的全球极区海冰覆盖产品，结合全球陆表温度、降水、海表温度等要素的探测结果，能够对全球气候变化做出更加合理的解释和预测。

我国的渤海和黄海北部每年冬季都会结冰，海冰的面积和厚度直接影响海上油气资源的开发、交通运输、港口海岸工程作业等。利用可见光和红外通道资料，结合海冰的光谱特征，可以进行冰水识别和海冰信息提取，获取海冰分布范围、面积、冰型、密集度、外缘线等信息。风云三号D星中分辨率光谱成像仪对云、海冰的结构观测比较精细，在各波段都有不同的反映，利用它可以生成多通道海冰监测图像、冰面积及冰覆盖度分析图、海冰和海水表面亮度温度等值线图等。

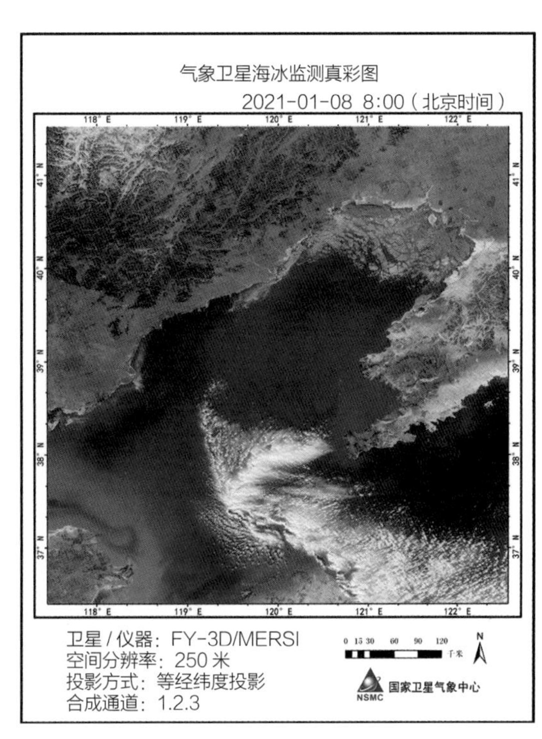

▲ 风云三号D星监测的渤海海冰真彩图

2.4.4 大气成分监测

大气成分指组成大气的各种气体和微粒，包括干洁空气、水蒸气、尘埃。地球上的大气包括氮、氧、氩等固定的气体成分，也包括二氧化碳、一氧化二氮等含量大体上比较固定的气体成分，还包括水蒸气、一氧化碳、二氧化硫和臭氧等变化很大的气体成分，还悬浮着尘埃、烟粒、盐粒、水滴、冰晶、花粉、孢子、细菌等固体和液体的气溶胶粒子。

地球大气是由多种气体和悬浮在其中的固体及液体粒子组成，可分为干空气、水分子及气溶胶三部分。气象卫星搭载的遥感仪器能够探测到其中的水分子、气溶胶以及部分空气组成成分（包含温室气体：二氧化碳、甲烷；污染气体：二氧化氮、二氧化硫以及臭氧等）。风云三号卫星和风云四号卫星的光学载荷可以监测森林、草原等燃烧及其排放的温室气体。

▼ 风云三号 A 星监测的北极臭氧空洞

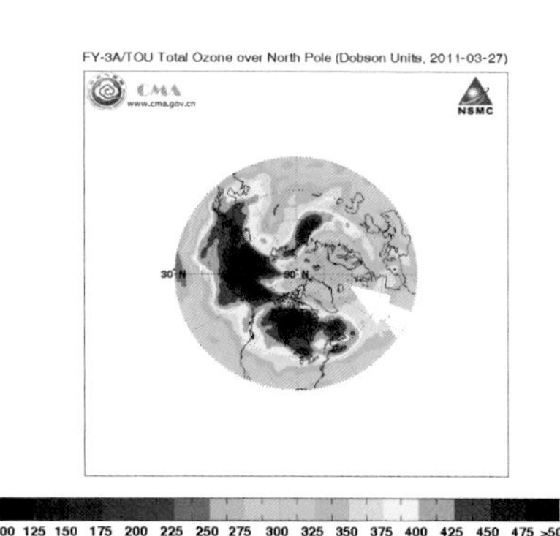

臭氧是大气中的主要痕量气体（大气中浓度低于 1×10^{-6} 的气体）之一，在地球大气环境和生态环境中起着很重要的作用。目前，世界各国对大气层臭氧变化引起的气候、环境和生态变化问题都予以了极大的关注。平流层中的臭氧能够吸收大量太阳紫外辐射，使人体和生态环境免遭过多紫外线的伤害。对流层中的臭氧能吸收大量地球红外辐射，产生温室效应。此外，大气臭氧对氮、氢、碳等的循环也起着重要的作用。如果大气臭氧层受到破坏，就会导致地球表

▼ 南极地区臭氧观测和臭氧空洞监测

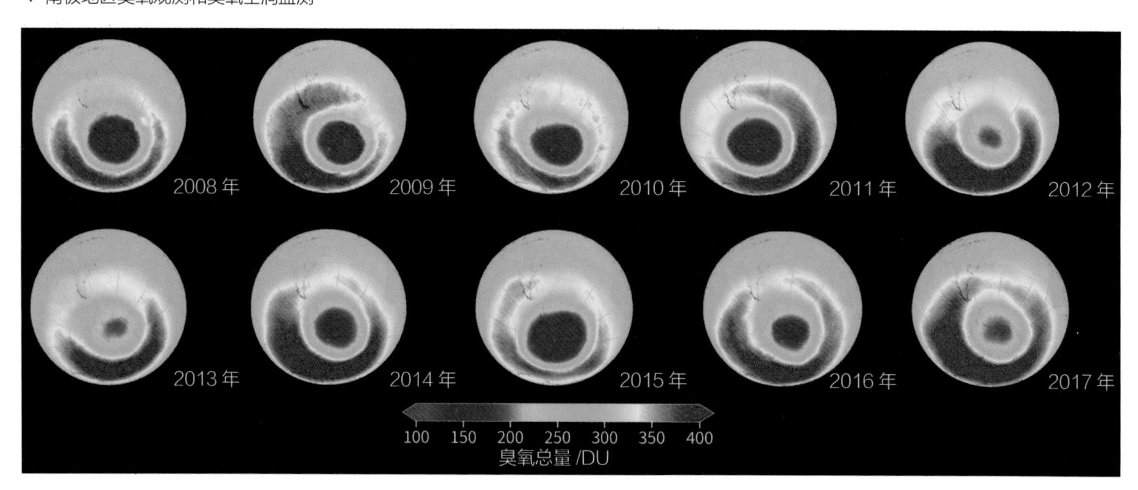

面太阳紫外线增加、温室效应加强，甚至会改变太阳辐射在大气中的加热分布结构，引起温度、气候的变化。因此，加强对大气臭氧的含量、浓度及变化的监测和研究具有十分重大的意义。利用气象卫星紫外通道的臭氧监测仪，可以获取全球的臭氧分布数据，用于监测大气环境的变化。

大气成分的监测是基于比尔－朗伯定律（Beer-Lambert law，将气体吸收后的光强与原始光强的比值作为吸收气体的透过率）获取吸收气体的透过率，利用透过率与吸收气体含量的函数关系反演大气中的成分含量。

对于大气中含有的二氧化碳体积数通常用柱含量（以单位面积为底面的从地表到大气层顶整个柱状区域内物质的相对含量）表示；二氧化碳、一氧化碳等气体对于电磁辐射的吸收具备独有的特性，二氧化碳在热红外线电磁辐射的吸收带位于 15μm 波长附近，而一氧化碳的吸收带位于 2.34μm 和 4.67μm 波长附近，因此可以通过不同气体成分的特殊吸收带，来反演二氧化碳、一氧化碳等在大气中的浓度。风云三号卫星配置的高光谱温室气体监测仪具备甲烷柱含量的测量能力。

经统计，1981—1990 年全球平均气温比 100 年前上升了 0.48℃。2019 年，全球平均温度较工业化前高出约 1.1℃，是有完整气象观测记录以来第二暖的年份。20 世纪 80 年代以来，每个连续 10 年都比前

▼ 风云三号 E 星监测的全球地表温度图

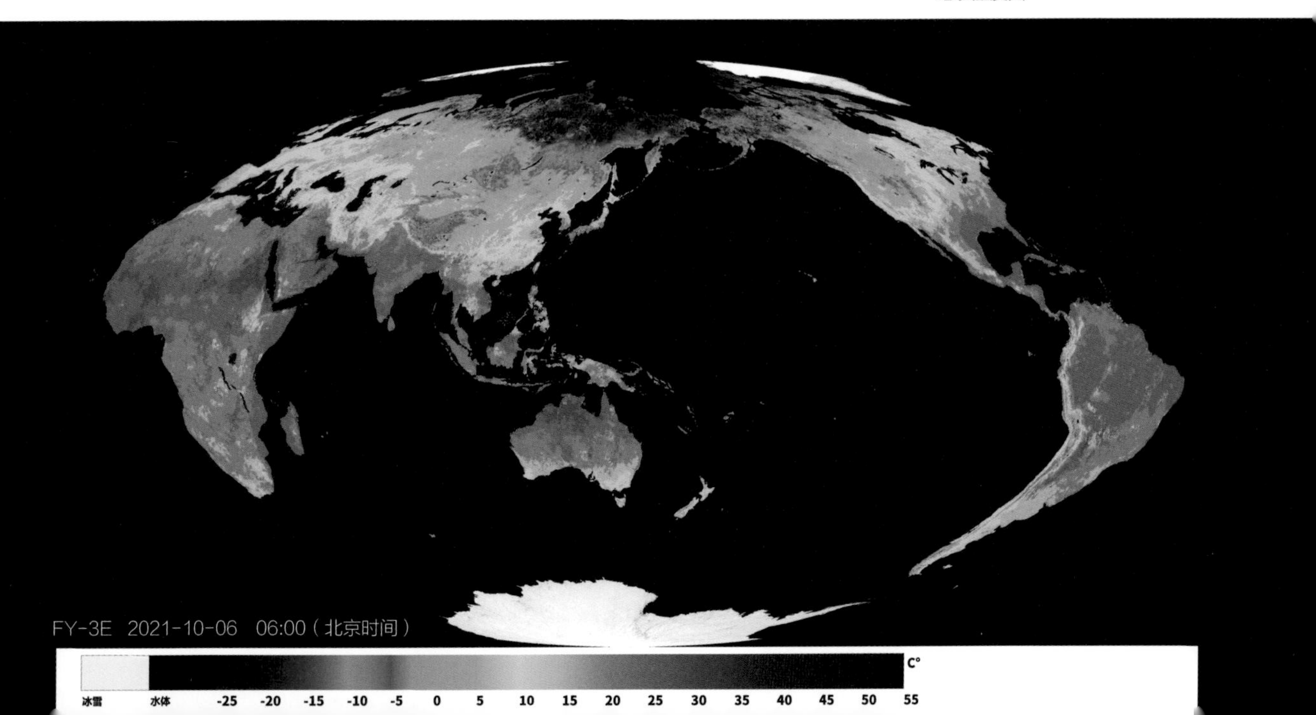

一个 10 年更暖。经预测，全球气候系统变暖加速，多项历史纪录被刷新，气候极端性增强。全球变暖的主要原因是人类在近一个世纪大量使用化石燃料（如煤、石油等）。根据联合国政府间气候变化专门委员会的统计，全球每年燃烧化石燃料造成二氧化碳增加约 237 亿吨，地球大气层中的二氧化碳会吸收地球的红外辐射，类似地球的棉衣为地球保温。二氧化碳增多导致全球温度逐渐上升，即全球变暖，并进一步导致冰川融化、海平面上升，影响人类生存。因此，气候变化与人类或者说生物的生存息息相关，值得我们持续关注。气象卫星可以有效监测全球及区域温室气体浓度，为全球碳减排及应对气候变暖提供科学依据。

气象卫星在太空中全年无休地工作，可以对全球大范围区域进行长时间序列（10 年以上）的天气监测，对影响气候的温室气体、臭氧、南北极温度等进行定量检测，为气候监测、预测部门提供全年、全球的系统观测数据。气象卫星有助于开展气候变化监测、气候预测（包括季节到年际气候预测）、未来气候变化趋势预估及人类活动影响等研究。

2.4.5 季风监测

季风是随着季节转换风向的风，同时还伴随着湿度和降水的显著转化。我国受季风气候影响，亚洲夏季风爆发后，特别是南海夏季风爆发后，我国降水开始增强。因此，南海夏季风活动强弱和亚洲夏季风推进对我国汛期降水的发生发展、落区和强度都有重要影响。气象卫星云导风产品可以应用于夏季风监测，改进原有的、单一的热力学诊断指标，发展并形成由卫星云导风为基本数据源的季风动力学诊断指标。季风区夏季风爆发前后，风向

▼ 风云四号 A 星监测的南海夏季风对流数据

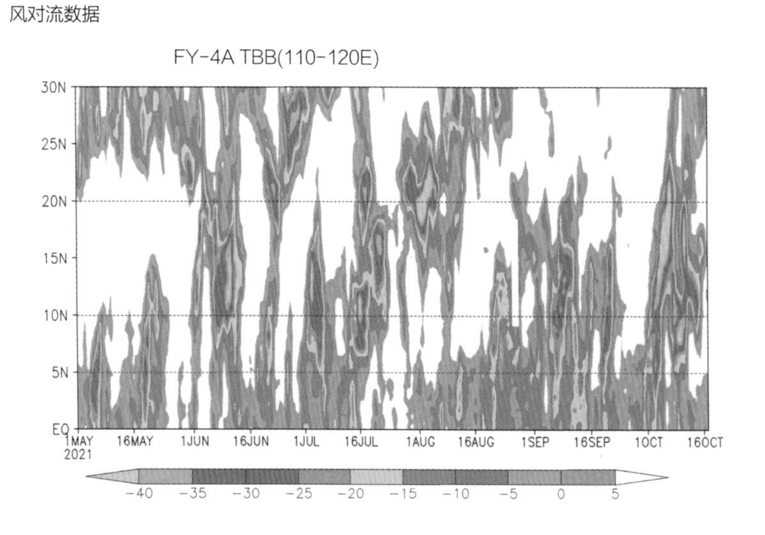

的转换、对流云团活跃的特征和云形的变化都能通过气象卫星清楚地监测到。

2.4.6 陆表温度监测

我们习惯把气象观测设备——百叶箱观测的当日最高气温达到或者超过 35℃的观象称为高温天气，连续 3 天以上的高温天气称为高温热浪。利用气象卫星的热红外波段可以探测到陆表温度，根据陆表温度和气温的相关性，就可以制作出陆表高温监测图，反映高温天气的空间分布。再在图像上叠加行政边界的地理信息，可以使人们直观地了解高温天气对城市、农村等不同地区的影响。右图是风云三号 D 星于 2021 年 6 月 5 日获取的京津冀地区的陆表高温监测图。

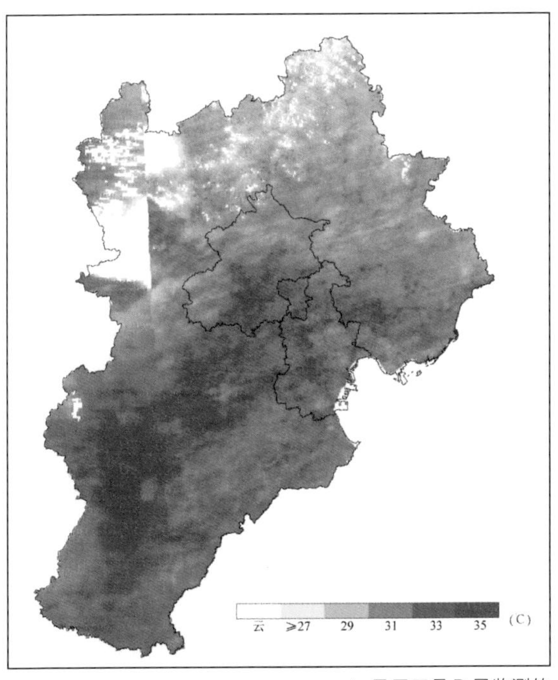

▲ 风云三号 D 星监测的京津冀地区陆表高温图

▼ 京津冀地区植被指数图

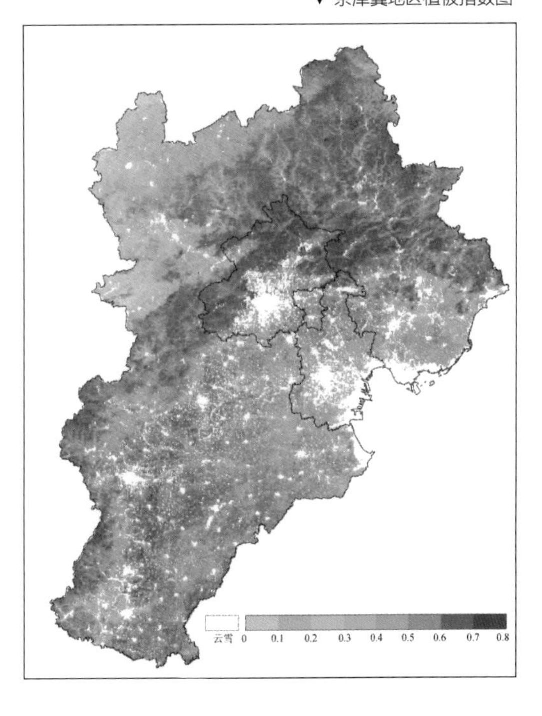

2.4.7 植被监测

植被生长的好坏表现在作物高度、密度、叶片颜色和含水量等方面。这些因素又会影响作物对太阳光的反射特性。作物对太阳光的吸收和反射特性主要受叶片中的各类色素支配，其中叶绿素起着至关重要的作用。利用气象卫星资料，可以连续监测作物生长状况，通常使用气象卫星可见光和近红外波段的比值、差值等组合得到植被指数。该指数是对植被简单有效的度量，反映植被信息的强弱。卫星遥感植被指数可以诊断植被生长状态、绿色植被活力，并可应用于植被分类、植被时间变化分析等，是植被生态监测的基础。

2.5 气象卫星在气象灾害监测中的应用

我国是世界上自然灾害较为严重的国家之一，灾害种类多、分布地域广、发生频率高、灾害损失严重。2021 年统计数据显示，我国平均每年因气象灾害造成的直接经济损失达 2 900 亿元，直接威胁人民生命和财产安全。气象卫星作为太空中的自动化气象站，一直在灾害监测评估中发挥着重要的作用，被称为防灾减灾的“第一道防线”。气象卫星自然灾害监测主要包括台风监测、闪电监测、土壤湿度和干旱监测、洪涝监测、火情监测、沙尘天气监测、大雾监测等。

2.5.1 台风监测

台风是一种对人们生活影响巨大的灾害性天气系统，其直径长达数百甚至上千千米。利用气象卫星资料，人们可以确定台风中心的位置、估计台风强度、监测台风移动方向和速度，以及狂风暴雨出现的地区等，对防止和减轻台风灾害起着关键作用。根据卫星观测资料，分析台风的动向、登陆的地点和时间，中央气象台及时发布台风预警，使登陆地点的沿海人民提前防备、船只提前回港，避免人员伤亡，减少经济损失。风云气象卫星业务运行后，我国对西北太平洋及南海海域生成的和登陆我国的数百个台风的监测和预报无一漏报。第二代地球静止轨道气象卫星探测数据全面应用后，我国 24h 台风路径预报误差由 2012 年的 95km 减小至 70km，处于世界领先水平。

▼ 风云四号 A 星监测台风“烟花”

2.5.2 闪电监测

闪电为积雨云云中、云间或云地之间产生放电时伴随的电光。云间闪电主要威胁到大气层中的飞行器，而云地之间的闪电可能对建筑物、电子电气设备甚至生物造成破坏。许多重点文物保护单位、景区都在防雷击设施上投入巨大，因为一旦遭到雷击，很可能导致火灾或建筑损毁，造成不可挽回的损失。运输业同样高度关注雷电，尤其是飞机起降和飞行阶段及船舶航行全过程。这说明实现连续、实时、大面积雷电探测的重要意义和必要性。

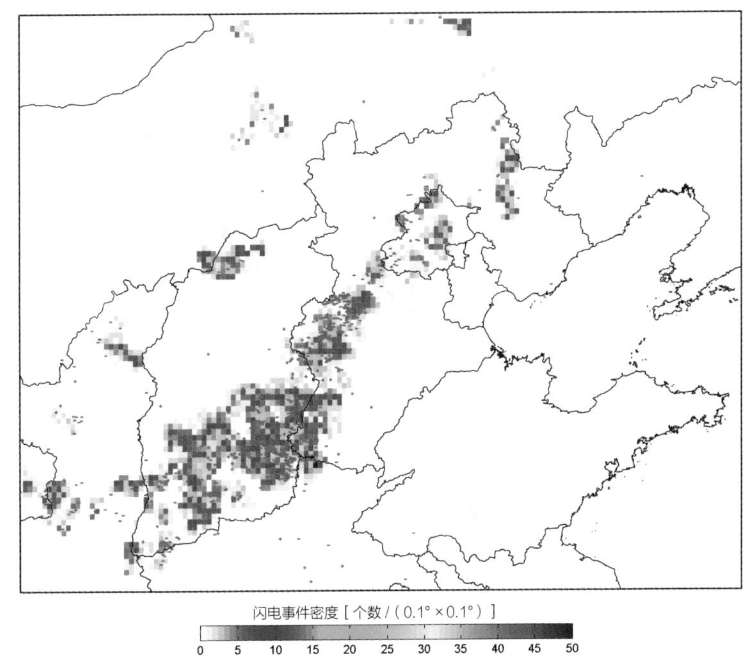

▲ 风云四号 A 星监测的闪电“事件”密度分布图（2020 年 6 月 24 日 18 时至 20 时）

风云四号地球静止轨道气象卫星上搭载的闪电成像仪，通过对覆盖区域内的闪电进行日夜不间断地连续观测，实现对雷电和对流体的发生、发展、转移等实时监测，为强对流天气监测和雷电预警提供有效数据。

2.5.3 土壤湿度和干旱监测

干旱是因长期无降水或降水偏少而造成土壤缺水、天气干燥的一种自然现象。严重的干旱会引起农作物长势变缓甚至枯萎，江河、湖泊面积变小，气温偏高，森林草原火灾风险增大等多种灾情，形成旱灾，对工农业生产、人们日常生活产生严

▼ 风云二号 G 星监测的地表干旱指数图，红色区域表示重度干旱

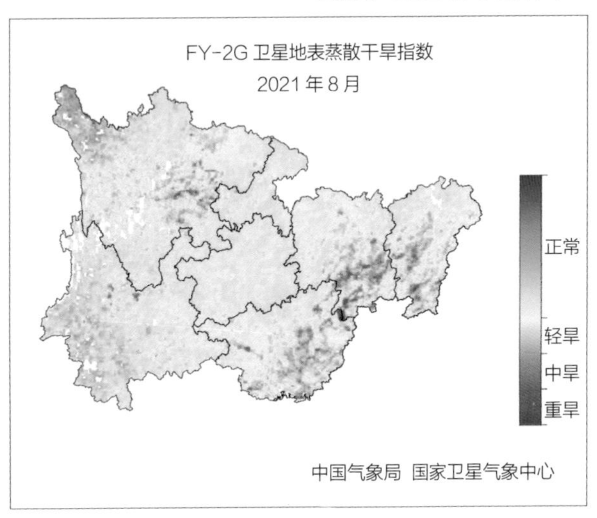

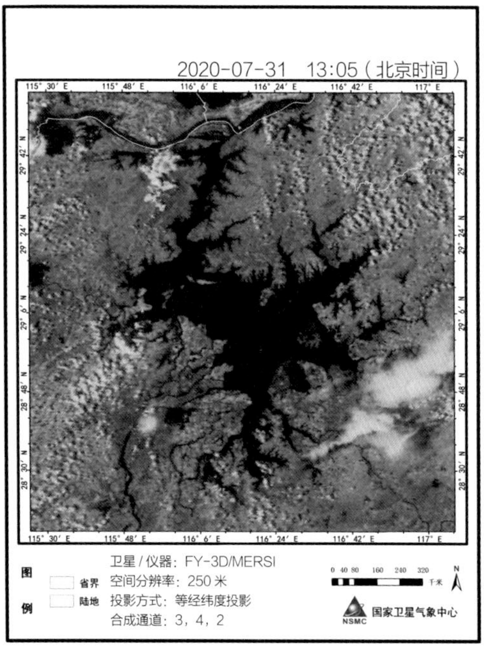

▲ 风云三号 D 星监测的鄱阳湖流域水情多通道合成图

重影响。旱灾发生后，其影响范围和程度可以通过气象卫星进行观测，可利用气象卫星的可见光、近红外波段监测受干旱影响的农作物等植被的受灾程度，同时还可利用气象卫星的热红外波段获取地表温度日变化幅度，估测土壤湿度降低程度，利用微波波段监测土壤湿度等。

2.5.4 洪涝监测

洪涝灾害在我国发生频率高、危害程度大。根据水体与植被、土壤等地物的可见光和近红外的反射光谱特性在气象卫星遥感图像上的较大差异，可以从气象卫星图像上提取水体信息。通过对气象卫星图像上洪涝灾害发生前后的江河、湖泊和水库等水体的空间分布和面积信息的比较，就可以得到洪涝淹没区范围分布和淹没面积等信息，为洪涝灾害评估工作提供翔实的数据来源。

▼ 风云三号 D 星监测的澳大利亚森林火灾图像

2.5.5 火情监测

火情监测一直是森林草原防火工作的重要组成部分。由于火灾发生地往往山高路远、丛林茂密、人迹罕至，所以森林火灾的防与救都很困难。气象卫星能很好地弥补这种不足。森林火灾由点成线地燃烧蔓延，地面囿于视野限制，难以判断火势走向，气象卫星“站得高看得远”，可以从宏观的角度把握火灾全貌，有利于应急救援指挥与决策。一般利用气象卫星资料可以制作火情监测多通道合成图，它由中红外、近红外、可见光通道合成，其中中红外通道对火点等高温目标敏感，可以对火情进行连续动态监测，为当地的有关部门提供火场的位置、明火面积的时空变化等信息。

2.5.6 沙尘天气监测

温带气旋是活跃在中高纬度地区的一种斜压性天气系统，在我国最常见的气旋是蒙古气旋，它是在蒙古国境内发生或发展起来的、逆时针旋转的低值系统。蒙古气旋一年四季均会出现，以春、秋两季最为常见，常与锋面相伴，在气象卫星的云图上表现为锋面气旋云系。随着冷暖空气的旋转、交锋，气旋的不同方位将出现复杂多变的天气。大风、降温和风沙是蒙古气旋发展时的主要天气现象，有时也可产生降水、雷暴、吹雪等天气。春季天气回暖，沙源地陆续解冻，因此蒙古气旋在春季常造成危害严重的风沙天气。2021年年初，发生在蒙古国和我国华北地区的几次强沙尘天气过程都是受蒙古气旋影响产生的。目前，利用风云四号卫星高频次的区域机动探测能力，能更准确监测、分析沙尘天气发生、发展、演变过程及其影响，这为沙尘暴等灾害性天气的监测和预警提供了有效支撑。

▼ 风云四号 A 星监测的华北沙尘天气图

2.5.7 大雾监测

雾是一种自然天气现象，指在水气充足、微风及大气层稳定的情况下，接近地面的空气冷却至某种程度时，空气中的水汽凝结成细微的水滴或冰晶微粒悬浮于空中，使地面水平的能见度下降的现象。近地层空气中悬浮的大量水滴或冰晶微粒所形成的雾常呈现乳白色，使得水平能见度下降到 1km 以下。雾在春季 2—4 月间出现得较多，其形成的条件包括冷却和加湿。

了解各种雾的成因，可对雾的生成和消散做出准确的预报。按形成过程，雾可分为 4 大类型。

辐射雾：多出现在小风的晴朗夜晚，由于近地面的大气层辐射冷却而形成。

平流雾：暖湿空气流经冷的下垫面（陆地和海面），下层冷空气冷却达到饱和从而形成雾。

蒸汽雾：冷空气移到暖水面上，水面的水汽快速蒸发而形成雾，其雾层一般较薄。

▼ 风云四号 A 星监测的渤海、黄海大雾

锋面雾：暖锋前云层中的降水在下落过程中逐渐蒸发，使其下层空气达到湿度饱和从而形成雾。

利用雾在不同波段的辐射特性差异可进行探测，如在 11μm 波段下，雾类似于黑体，几乎完全发射热红外辐射，其发射率接近 1；而在 3.8μm 波段下，雾的发射率比较低，导致到达卫星的辐射存在差异。利用卫星遥感监测大雾具有及时、宏观的明显优势。通过对雾的成因、辐射特性、雾遥感基本原理的阐述，结合卫星辐射成像仪，分析雾的图像纹理信息，并依据雾在可见光波段和中红外波段与云类不同的光谱特性，选用不同的光谱通道进行大雾监测。

随着城市规模的扩大和工业、交通的发展，大气污染日趋严重，由气溶胶造成的能见度恶化事件越来越多，霾也成为一种常见的城市天气现象。因此，城市雾除具有一般概念上“雾”的特征外，还表现出其他特点：先雾后霾、雾霾交替或混合现象使得城市雾、霾的观测标准需要重新规范，同时也使城市雾、霾的预报难度加大。城市雾受到气象条件、地形、城市下垫面热力和动力条件以及城市气溶胶分布的综合影响，表现出更加明显的局地性。

▼ 风云三号 D 星监测的印度霾区图

2.6 气象卫星在空间天气监测中的应用

你知道在茫茫的太阳系宇宙真空中存在着另一类“天气”吗？离地球最近的恒星——太阳每时每刻都在发生核反应，当它“发脾气”时会释放出上百万吨的带电粒子在宇宙中传播，给太空中的航天器和地球上的人类造成影响。

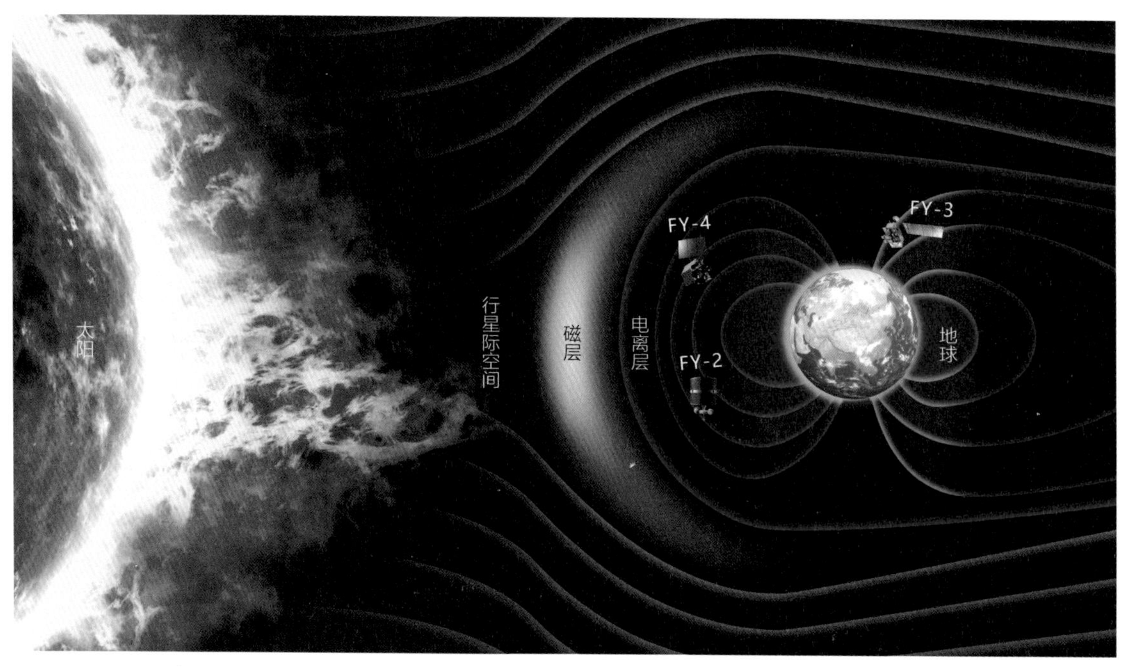

▲ 空间天气范围

2.6.1 什么是空间天气

太阳上出现的耀斑和日冕物质的抛射等剧烈活动释放出大量的带电粒子，通过行星际空间传播到地球，给卫星运行、地面大型系统运行，以及人类健康带来严重影响和危害。人们把这种由太阳活动引起的太阳、行星际和地球空间环境短时间尺度的变化，称为空间天气。相对于地面天气而言，空间天气发生在距离地面 30km 以上的空间。空间天气是一个全新的概念，涉及的物理参数与大气天气有很大不同。

▲ 空间天气对人类活动的影响

在我们的太阳系内，空间天气主要受太阳风的风速、密度以及太阳等离子体带来的行星际磁场三者的影响。各种各样的物理现象都与空间天气相关，包括地磁风暴和亚暴在“范艾伦辐射带”的电流、电离层扰动和闪烁、极光，以及在地球表面的磁场变化诱导的电流等。

大家可能会想，空间天气是整个日地空间环境的变化，人类就生活在地面上，占整个空间很小的一部分，空间天气会对我们有影响吗？答案是会。虽然我们生活的范围在整个日地空间中所占的比例并不大，但是空间天气却真实影响着我们生活的方方面面。和我们生活有关的很多重要的基础设施都会受到空间天气的影响，比如通信系统、导航及定位系统、航空航天安全、地质勘探、电力石油等长距离输运系统，生物系统及其他一些国民经济领域。在灾害性空间天气事件发生期间，通信、定位、上网、生活用电、天然气使用等与日常生活息息相关的活动都有可能会受到影响。比如，1989 年 3 月 10 日爆发太阳耀斑，伴随该耀斑爆发的日冕物质抛射释放出大量的带电粒子 13 日凌晨到达地球，引发地球超级磁暴，导致美国新泽西州的一座核电站的巨型变压器被烧毁，瑞典南部和中部的 5 条 130kV 输电线路跳闸，日本东京电力公司变压器被毁。

2.6.2 空间天气扰动源头

空间天气扰动的源头是太阳，一次完整的空间天气事件一般从太阳表面开始，在行星际空间传播演化，最后对地球磁层、电离层和中高层大气产生影响。太阳的结构从内向外，内部分为 3 个区：核反应区、辐射区和对流区。对流区以外分为 3 个层：光球层、色球层和日冕层。

太阳的活动周期为 11 年，其爆发性活动主要是耀斑和日冕物质抛射。

2022 年 2 月初，空间天气扰动引发了一场 kp 为 5 级的地磁暴，造成地球 200km 高度高层大气密度增加。此时，SpaceX 公司于 2 月 3 日发射的 49 颗“星链”卫星正运行在 200km 的测试轨道，大气密度增加后受大气阻力影响，超 40 颗卫星再入大气层被烧毁，直接经济损失超 5 000 万美元。

▼ 太阳的结构

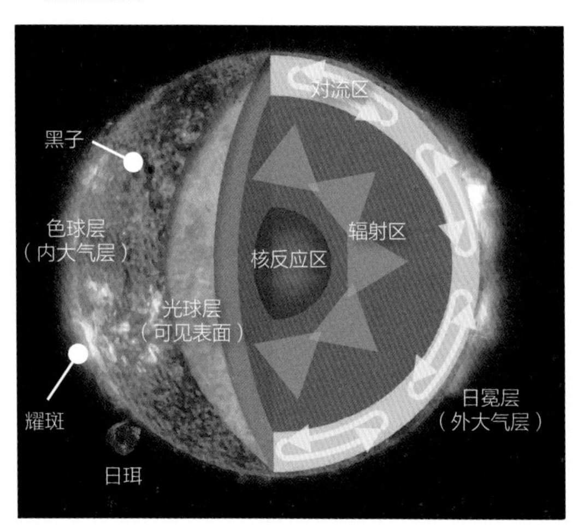

▼ 太阳活动周期为 11 年
（蓝色实线是太阳黑子观测值，
红色实线是平滑后的太阳黑子数）

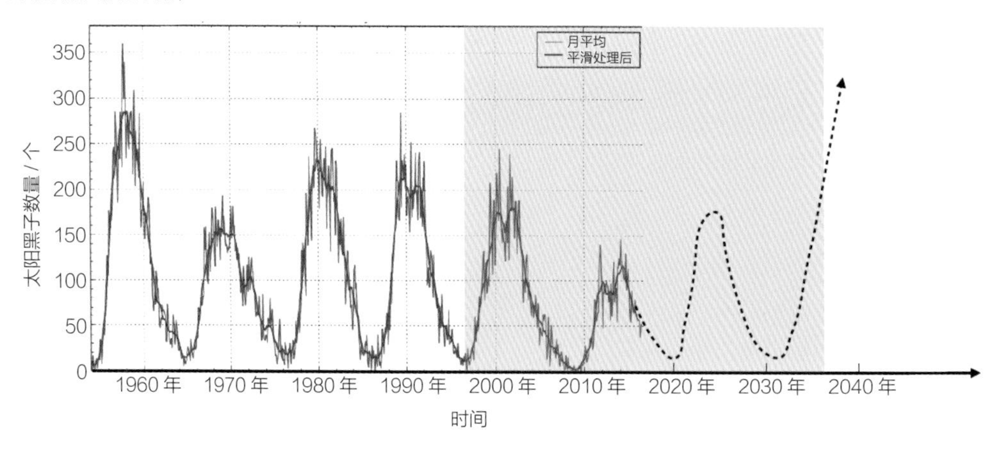

1. 太阳耀斑

▲ 黎明星（风云三号 E 星），极紫外通道获取的太阳图像

太阳耀斑爆发是指发生在太阳表面局部区域的突然大规模的磁能释放过程。太阳耀斑爆发时，强烈的辐射覆盖整个电磁波谱，包括 γ 射线、X 射线、紫外线、可见光直至射电波段，同时电子、质子和重离子等粒子在太阳大气中被加热和加速。一个典型耀斑单位时间内释放的能力为 10^{20}~10^{25}J，等效于几百万个亿吨级的氢弹爆炸，比火山爆发释放的能量大 1 000 万倍。

2. 日冕物质抛射

▼ 日冕物质抛射

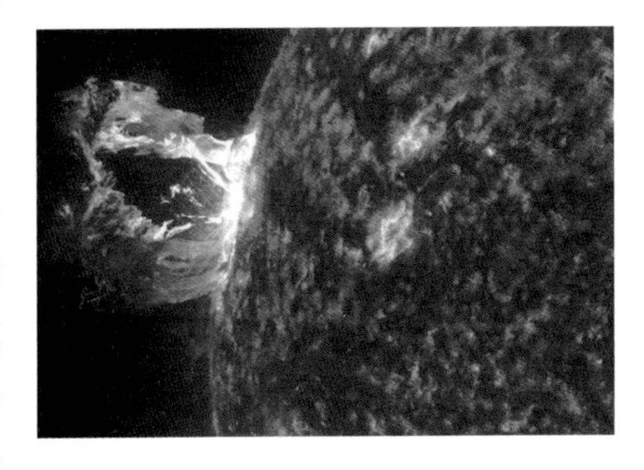

日冕物质抛射（CME）是指太阳日冕中物质瞬时向外喷射的现象。大的日冕物质抛射可含 10 亿吨物质，这些物质被加速到每秒几百千米甚至上千千米。当它们与地球磁层相遇时，会使磁层产生强烈的扰动，同时磁层会使带电粒子轨迹发生偏转（磁层使地球及其生物免于太强的太阳辐射和粒子照射，和大气一样是地球的保护神）。日冕物质抛射有时伴随耀斑，但通常单独发生。在太阳活动最大年，太阳大约每天产生 3 次日冕物质抛射；而在太阳活动最小年，大约每 5 天产生一次日冕物质抛射。

在我们的太阳系中，空间天气主要受太阳上层大气射出的超高速（400km/s）带电粒子流——太阳风的速度和密度影响。日冕物质抛射（2 000km/s）和与其相关的激波也是重要的空间天气驱动源，因为它们可以压缩磁层并引发磁暴。由日冕物质抛射和太阳耀斑加速产生的太阳高能粒子是一个重要的空间天气驱动源，因为它们能损坏航天器中的电子元器件，并威胁到宇航员的生命安全。

2.6.3 空间天气预报

空间天气变化呈现清晰的“因果链”过程，完整的空间天气事件一般从太阳表面开始，在行星际空间传播演化，最后在地球磁层、电离层和中高层大气产生影响。空间天气监测需对太阳—行星际—磁层空间—电离层和中高层大气这一空间事件因果链进行监测。通常关注 3 个区域。

源头——太阳，该区域距离地球约 1.5×10^8 km，监测对象包括太阳黑子、太阳电磁辐射、冕洞、太阳耀斑和日冕物质抛射等。

传播与演化区域——日地连线贯穿的行星际和磁层区域，从太阳表面一直到地面上空几千千米高度，主要监测行星际磁场和太阳风、磁层高能粒子事件、磁暴等。

响应区域——地球电离层和中高层大气，从地面上空数千千米高度至地面 20~30km，主要监测电离层等离子体、电离层扰动和闪烁、极区极光和中高层大气等。

对太阳活动的预报，包括太阳黑子数的长期变化（特别是太阳周期变化）、太阳耀斑、日冕物质抛射等，是空间天气观测和预报的重要内容。磁层作为抵御外空间不良环境状况的屏障，是人类太空活动最频繁的区域之一。磁层天气预报主要是对地磁暴、地磁扰动、高能质子注入等的预报。电离层作为空间天气的地球响应区域之一，影响卫星通信，而卫星通信跟人们日常生活息息相关。电离层天气预报通过建立电离层

气象卫星小词典：简单的极光预报

极光的出现与太阳耀斑活动的时间、地球磁极地理位置密切相关。太阳耀斑爆发后释放出巨大的能量和大量高速运动的粒子。当太阳磁暴产生的粒子和电子云接近地球时被地球磁场捕获并向地球磁极运动，粒子撞击电离层而激发氧原子和氮分子使其发光成为极光。

那么怎样预报极光呢？在太阳耀斑爆发后，大量高速运动粒子沿着日地连线穿越星际空间来到地球表面 100 ~ 200km 的电离层。通过日地距离和粒子运动速度，就可以简单计算耀斑爆发后地球出现极光的时间。

预报模型，开展电离层电子密度、电离层高度、电离层闪烁指数、电离层扰动等预报。中高层大气是日地耦合系统的重要一环，与人类生存环境、航空航天活动等关系密切。中高层大气天气预报内容主要包括温度、密度、风场和大气成分等中高层大气参量的结构分布和扰动等。

2.6.4　气象卫星的空间天气监测

2021 年 11 月 4 日凌晨，一场久违的极光大秀打破夜空的宁静，无数来自太阳的高能粒子在地球磁场的偏转作用下与南北磁极附近的高层大气发生剧烈碰撞，随之发生的大气发光现象灵动、绚烂，吸引了大量的极光爱好者。

不为人知的是，早在 3 天前，我国空间天气监测系统就敏锐地捕捉到了此次极光大爆发的“前奏”。11 月 2 日上午 11 时，太阳表面编号为 12891 的活动区（黑子）突然变得明亮，爆发了强度为 M1.7 级的太阳耀斑；在它的“引领”下，太阳紧接着产生了日冕物质抛射活动，数以亿吨计的物质被瞬间加速到上千千米每秒的速度，并向着地球的方向突袭而来。

空间天气预报对太阳的这次爆发展开分析并做出了及时、准确的预报。这次成功的监测与预报和以往相比有着大不相同的意义，2021 年 7 月 5 日发射的风云三号卫星太阳监测仪器，结合风云二号卫星太阳 X 射线流量计，实现了对太阳爆发全过程的监测。在编号为 12891 的活动区爆发之前，风云三号 E 星所携带的太阳 X-EUV 成像仪 19.5nm 波段观测图像显示，该活动区变得明亮而显眼，高温等离子体在活动区上空形成多个大小不一的环状结构，时而旋转并相互挤压，说明其内部的磁场活动相对周围更加强烈，磁能积聚后也更加强大，随时具有爆发的可能。

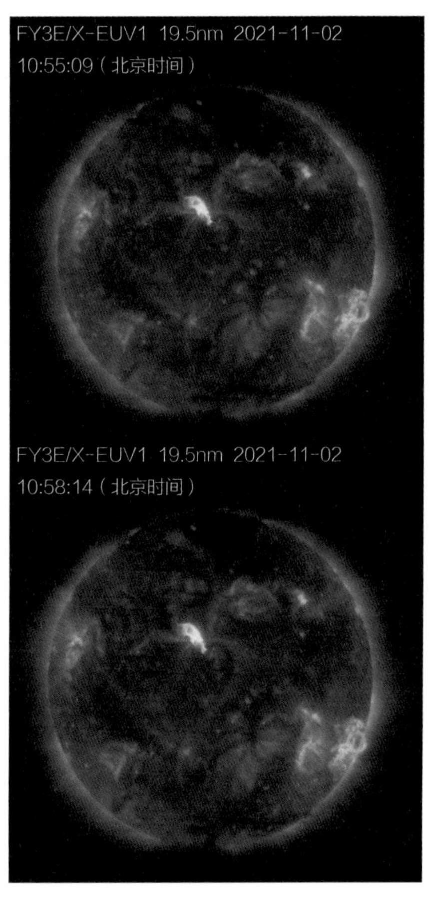

▲ 从太阳 X-EUV 成像仪图像中可以看到耀斑爆发前和爆发中活动区的增亮现象

耀斑过后大约 8min，距离地面约 36 000km 高度轨道上的风云二号 G 星测量到了 X 射线波段能量的突增。这种典型的辐射能量变化就是太阳耀斑活动的最好例证。

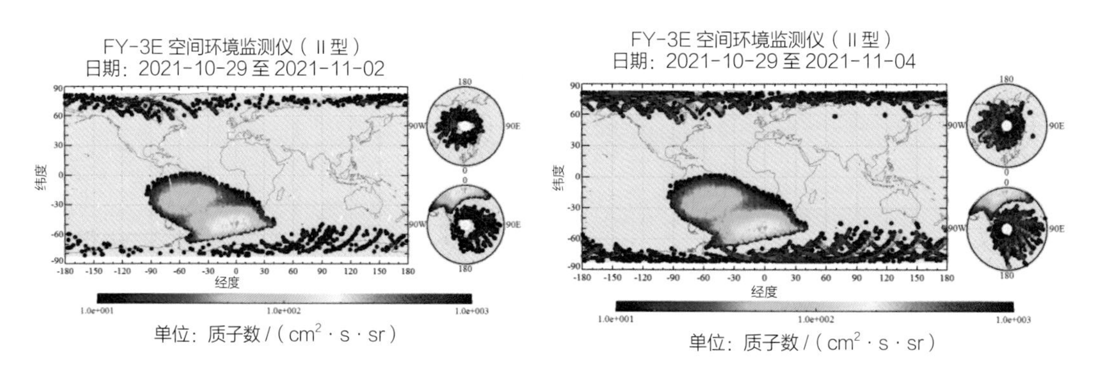

▲ 2021 年 11 月 2 日（左）和 11 月 4 日（右）空间环境质子监测图

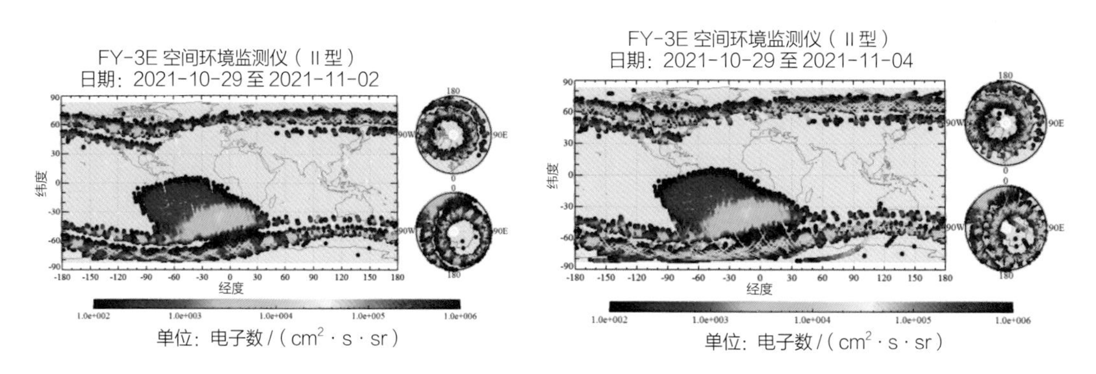

▲ 2021 年 11 月 2 日（左）和 11 月 4 日（右）空间环境电子监测图

从空间环境监测仪（II 型）探测的 2021 年 11 月 2 日和 4 日的质子和电子监测图中可以看到：11 月 4 日的强磁暴导致外辐射带（高纬地区）高能电子（0.15 ~ 0.35MeV）的流量增强，极盖区出现高能质子（3 ~ 5MeV）增强（11 月 2 日图上极盖区的质子流量是 10 月底质子事件造成的，11 月 4 日极盖区质子流量有明显增强，应该是这次磁暴导致的）。

耀斑过后，日冕物质紧随而至，它们所携带的太阳磁场和巨大能量就像是一记重拳，迎面打在地球面向太阳的这一侧，向下挤压甚至是撕裂地球磁场，引发极光。极光是带电粒子与高层大气相互作用产生的辉光现象，其形态多姿多彩、变化万千。极光的形态能够反映地磁扰动状态，太阳风—磁层—电离层耦合作用，以及太阳风能量向地球系统的输运情况。

通过风云三号 D 星广角极光成像仪（WAI）观测到的北极光图像，可以看到，受地磁扰动的影响，极光卵的亮度和范围都有明显的增加，内部也产生了较为复杂的精细结构。

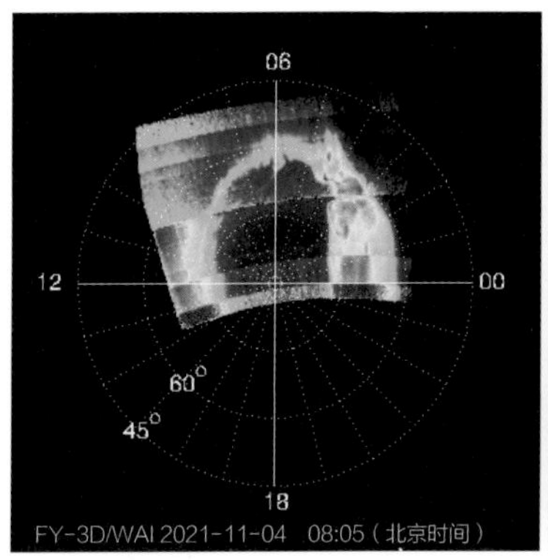

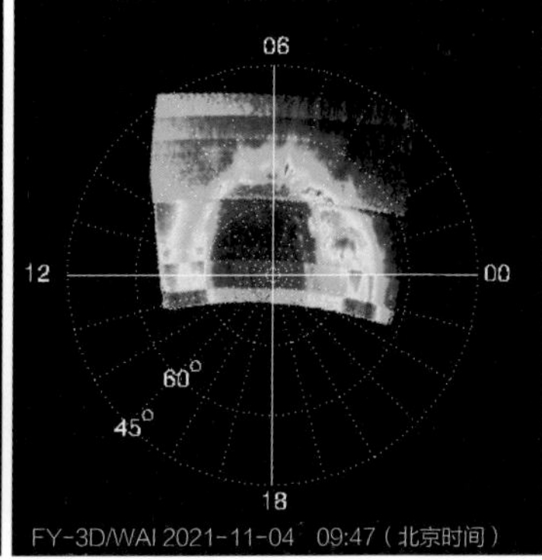

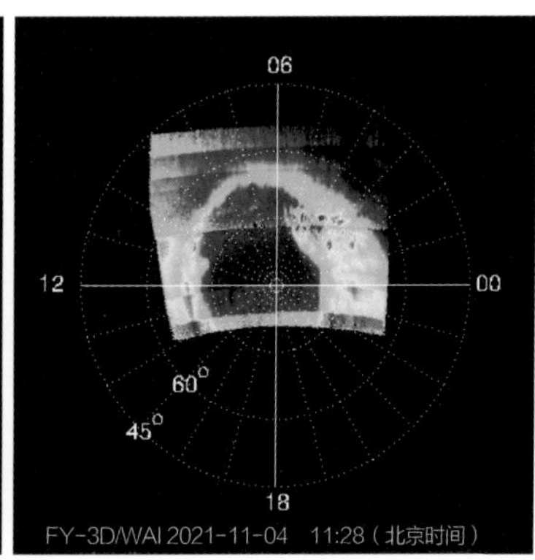

▲ FY-3D 卫星广角极光成像仪 2021-11-04 8:00—12:00（世界时）观测到的北极地区紫外波段图像

从风云三号 E 星多角度电离层光度计监测的“2021 年 11 月 1 日至 4 日氮氧气辉辐射强度比”图上可以看到，11 月 4 日磁暴导致高空中氧原子和氮分子的成分和浓度分布发生了很大变化。

从 X 射线 / 极紫外成像仪再到带电粒子观测仪、极光观测仪、电离层光度计，风云气象卫星所搭载的一系列仪器设备前后配合、联合观测，将太阳活动从酝酿、爆发，到传输及接近地球后所产生的一系列具体现象，全部获取，无一遗漏。这是我国第一次独立自主地完成对太阳爆发活动的全过程监测，对空间天气多种要素的探测能力进一步得到提升，补足了空间天气因果链上极为重要的一环。

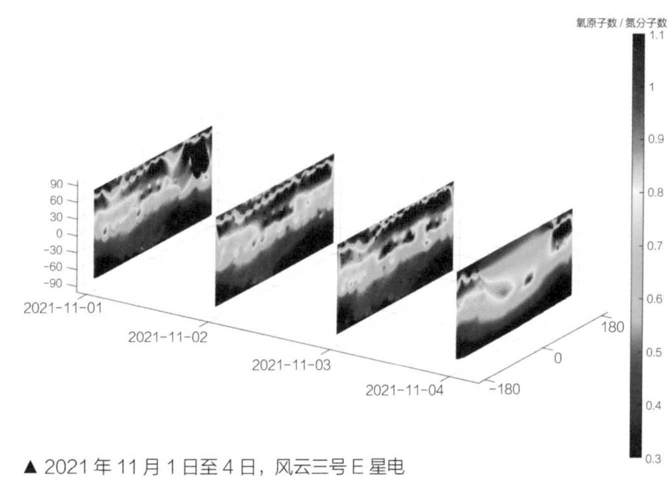

▲ 2021 年 11 月 1 日至 4 日，风云三号 E 星电离层光度计监测到的氮氧气辉辐射强度比

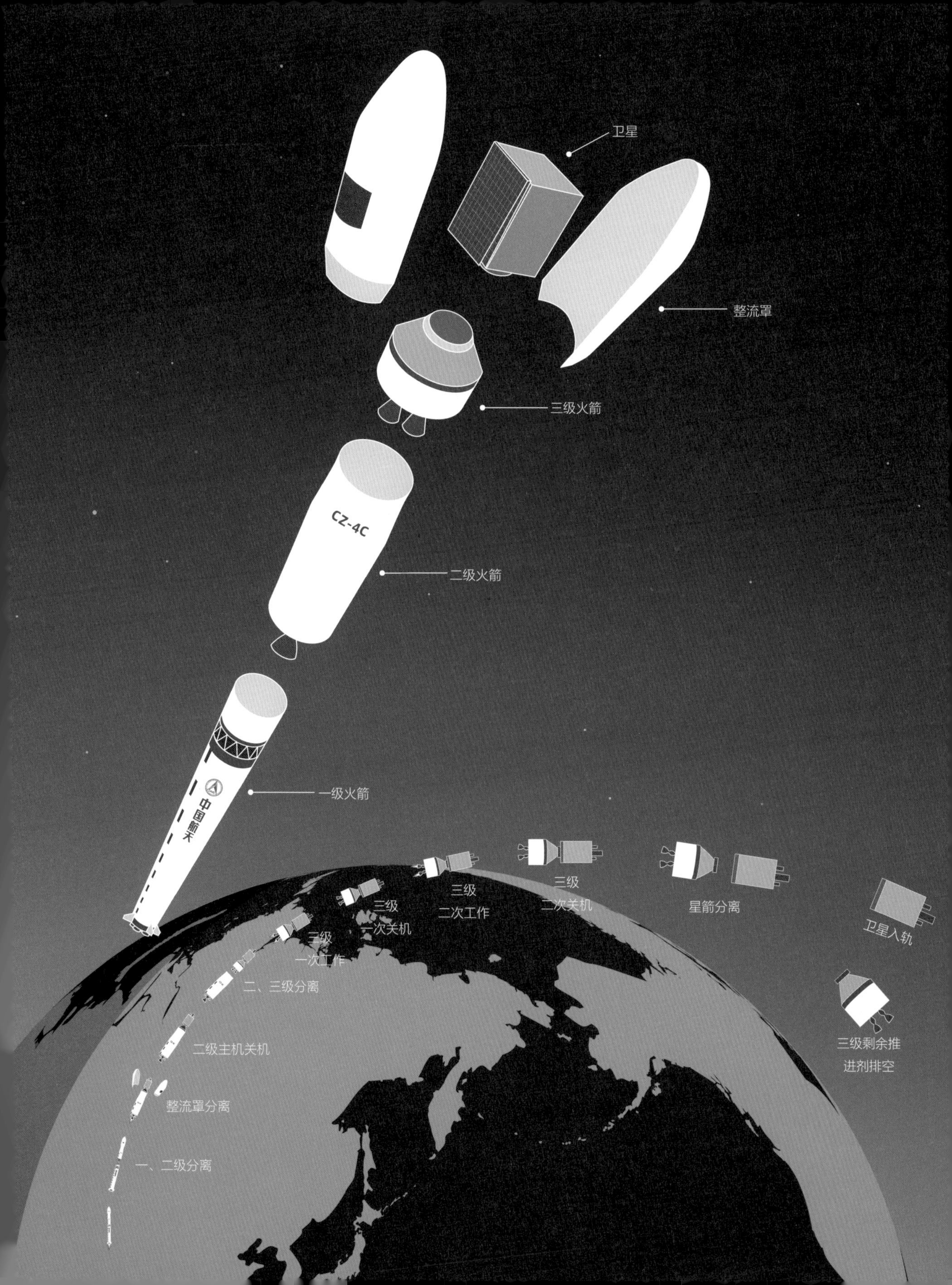

卫星
整流罩
三级火箭
CZ-4C
二级火箭
一级火箭
中国航天
三级
二次关机
星箭分离
三级
二次工作
三级
一次关机
卫星入轨
三级
一次工作
二、三级分离
二级主机关机
三级剩余推
进剂排空
整流罩分离
一、二级分离

第3章
CHAPTER 3

气象卫星的奥秘

气象卫星通过遥感仪器实现对地球及其大气的探测，这些遥感仪器又被称为“有效载荷”，是气象卫星最重要的组成部分。它们不是独立工作的，需要卫星中其他系统的保障。气象卫星是由多个分系统组成的复杂而庞大的工程，各分系统间协同配合发挥各自的功能和特长，例如：能源分系统吸收太阳光，转换为电能为各分系统供电；姿轨控分系统基于动量守恒，实现卫星对地球的稳定指向；数据传输分系统将有效载荷的观测数据通过无线电传输至地面接收站；热控分系统为卫星散热和保温。气象卫星制造完成后需要通过各种试验考核，包括太空热环境、火箭发射过程的力学环境等模拟试验，通过地面“多重考验”后，方可乘坐火箭前往太空执行观测任务。

3.1 气象卫星的组成

气象卫星由有效载荷和卫星平台组成。有效载荷是直接执行观测任务的遥感仪器。卫星平台就像一台相机的“稳像云台”，为遥感仪器探测提供稳定环境，同时为遥感仪器提供能源、通信、定位等多种支撑，是有效载荷的“保姆”和“大管家”。

有效载荷包括多波段成像仪器、高光谱探测仪器、被动微波仪器、主动雷达仪器、闪电等专有要素探测仪器、空间环境监测仪器等。卫星平台为有效载荷提供重量支撑、能源供给、信息传输、稳定指向等服务保障，一般包括结构与机构、热控、能源、姿轨控、图像定位与配准、测控与综合电子、数据传输、推进等分系统，卫星组成如下图所示。

▼ 卫星组成框架

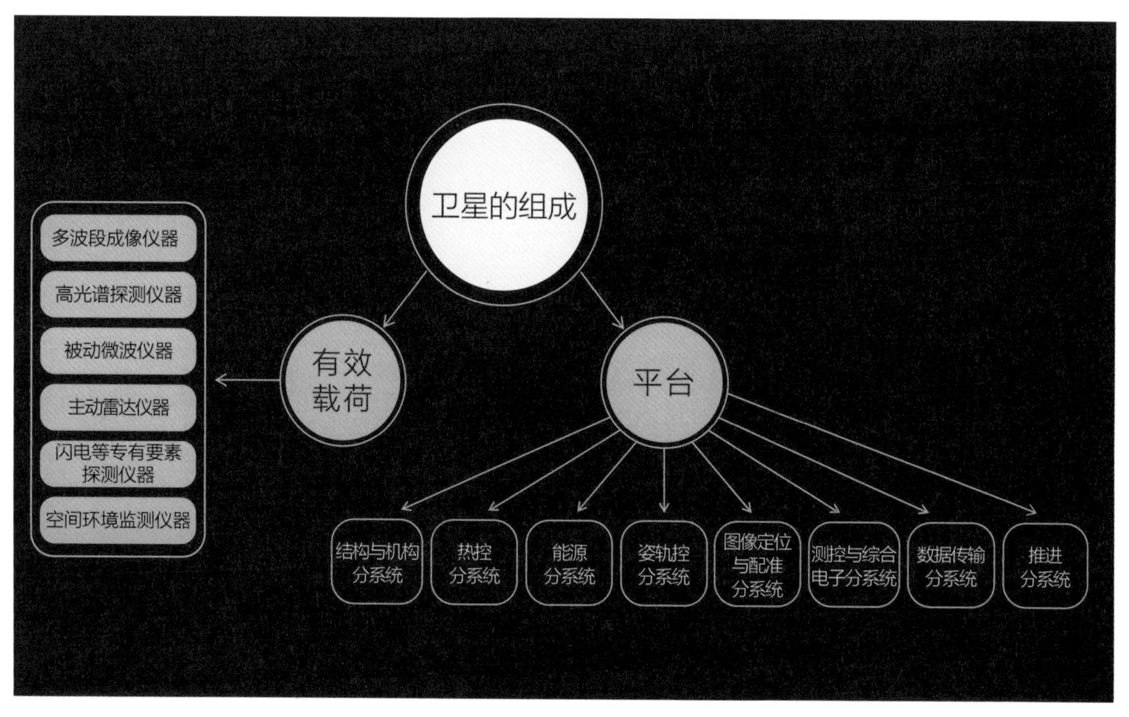

3.1.1 有效载荷——“千里眼，观风云”

有效载荷是气象卫星的“千里眼”，通过紫外线、可见光、红外、微波等多种波长，对地球及其大气的电磁辐射进行定量观测，获得地球及大气温度、湿度、风、云、大气成分等要素以及各种气象现象的信息。气象卫星的有效载荷可以按照探测波段、工作方式、探测形式、应用领域等进行分类。

1. 按探测波段可分为：紫外、可见光、红外及微波有效载荷

紫外有效载荷，探测波长在 0.05~0.38μm。太阳发射的紫外波段辐射大部分被地球大气吸收，我们利用遥感仪器在太空中直接接收紫外辐射，可以观测太阳活动；观测大气对紫外线的吸收，可以获得大气中臭氧、电离层和极光等的分布及含量。

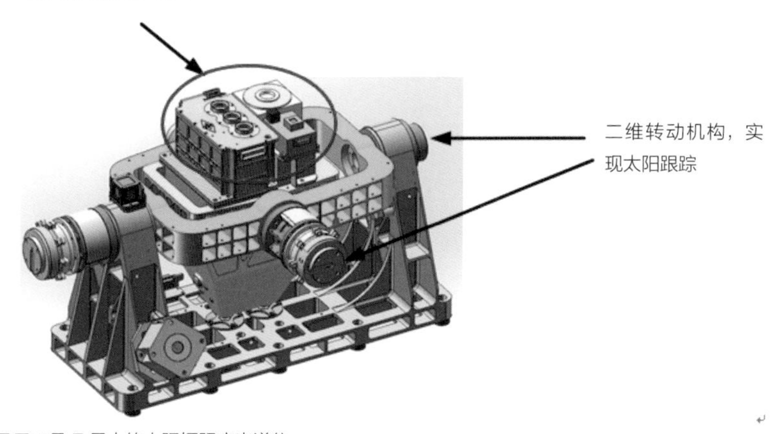

▲ 风云三号 E 星中的太阳辐照度光谱仪

该卫星同时装载了多台紫外观测仪器，包括：太阳辐照度光谱仪，设置了 165~320nm 紫外波段，可以获得太阳辐射的光谱曲线；太阳 X 射线和极紫外太阳成像仪，可以获得太阳极紫外波段图像，用于太阳活动监测，为空间天气预报提供信息；同时装载了 130~180nm 的地球极光成像仪和电离层成像仪

可见光有效载荷，探测波长在 0.38~0.75μm，主要用于对云和地表成像，输出定量化的可见光图像；还可以用于观测云分布、地表植被、大气中的气溶胶等。一般将可见光波段细分为多个独立的通道，如红色通道、绿色通道和蓝色通道。

红外有效载荷，探测波长在 0.75~20μm。利用大气在红外波段的吸收和透过特性，可以获得地表温度、地表着火点、大气温度、大气水汽含量、云分布等红外数据，中波和长波红外线可以在无太阳光照的情况下获得大气的图像，实现全天时的工作。

微波有效载荷，探测波长在 1mm~10m。紫外、可见光和红外等波段波长较短，无法透过云层，只能用于观测云表面的温度和反射率情况。微波遥感器探测的波长较长，可以穿透部分云层，实现云层下大气参数的观测，因此微波遥感器实现了气象卫星的全天候观测。由于大气辐射的微波信号较弱，微波遥感器需要在背景噪声中识别出有用信号，因此微波有效载荷又被称为在噪声中成像（由此可知该类载荷的研制难度极大）。风云三号卫星装载的微波湿度计、微波温度计、微波成像仪等载荷，可以获得大气温度、湿度的垂直分布情况。目前，风云气象卫星微波类载荷空间分辨率可以达到 6~25km。虽然微波有效载荷的空间分辨率较低，但是其弥补了可见光和红外遥感器大气云区内部探测数据的缺失，其探测数据对于数值天气预报有很大的作用。

▲ 风云三号卫星的中分辨率光谱成像仪设置了 11 个可见光通道，可以获取 250m 空间分辨率的云图和地表图像，该仪器的中分辨率由此而来，同时该仪器设置了 3.5 ~13.2μm 多个红外波段，获取的数据可用于大气水汽含量、地表火点、大气温度等天气预报应用，空间分辨率可在 0.25~2km

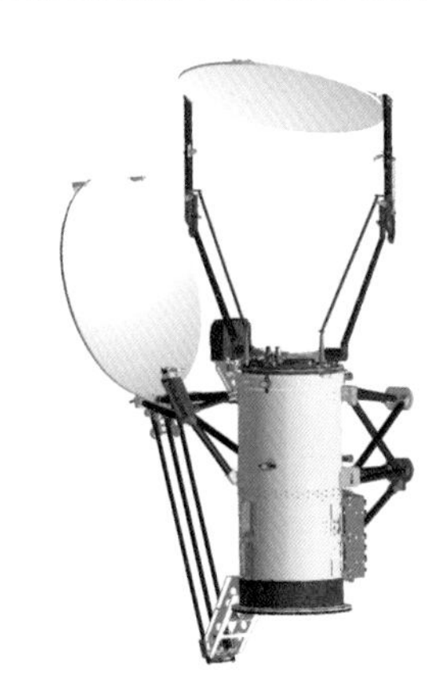

► 风云三号卫星微波成像仪采用圆锥扫描方式，获取陆表和大气的微波辐射，接收系统将辐射信号转换为电信号输出，获得不同波长的微波图像，最终反演出陆表和不同大气高度处的温度值

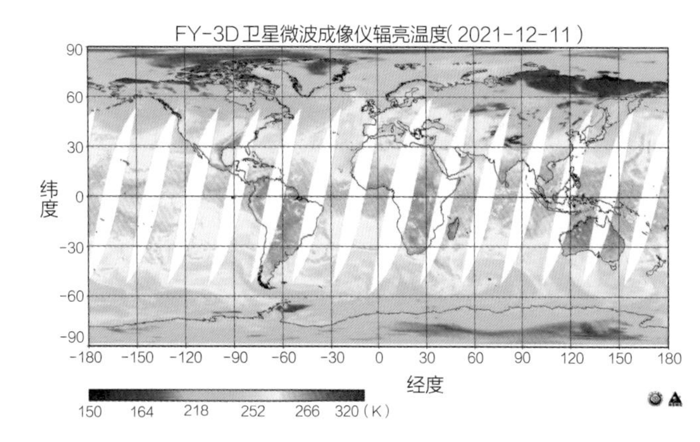

2. 按工作方式可分为：被动有效载荷和主动有效载荷

被动有效载荷接收目标的自身辐射和目标对自然辐射源的反射信号。主动有效载荷发射一定能量的电磁波并接收目标的反射回波，就像生活中常见的汽车测速雷达，通过信号的主动发射和接收可以实现大气的高精度探测。

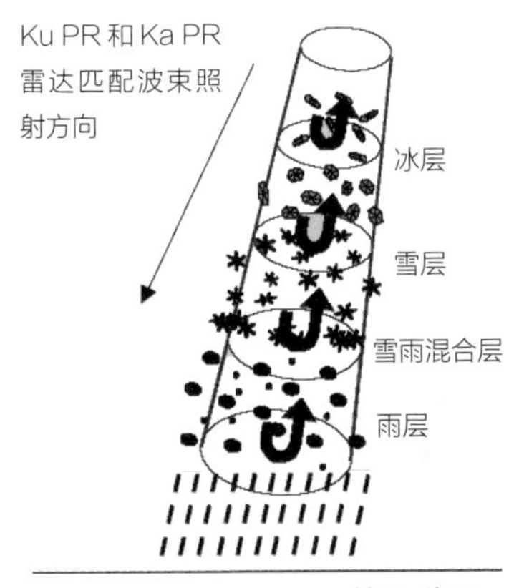

▲ 风云三号降水测量卫星（计划于 2023 年发射）上装载的主动降水测量雷达。在下落过程中，降水首先以冰的形式出现，随着高度的逐渐降低，开始转化为雪、雪雨混合物和雨。采用主动微波雷达，可以利用雨、雪等对不同频段信号的衰减、散射的不同特性，反演获得降水类型、降水粒子形态等微观信息，进一步修正降水强度的反演模型，提高降水反演精度

3. 按探测形式可分为：成像有效载荷和非成像有效载荷

成像有效载荷一般具有多光谱和较高的空间分辨率，探测通道多选择大气窗口，主要用于获取云图及地表二维景象。非成像有效载荷在气象卫星上主要是指大气垂直探测仪，一般具有较高的探测灵敏度和光谱分辨率，主要用于测量大气温度、湿度的垂直分布信息。

风云四号卫星装载的多通道扫描成像辐射计属于成像有效载荷，通过光学系统将可见光和红外线分为多个波段，最终输出地球及其大气的

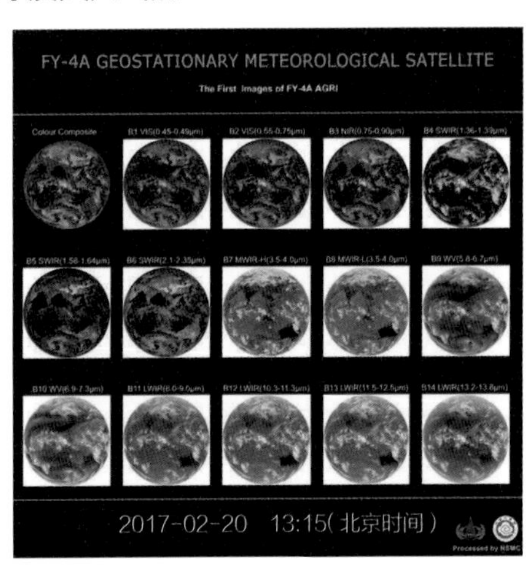

▲ 风云四号 A 星多通道扫描成像辐射计，实现可见光至红外 14 波段成像，左图为仪器的模型图，右图为仪器在轨获取的多波段图像

图像，也就是我们常说的云图。

风云四号卫星干涉式大气垂直探测仪利用大气辐射的分层特性（可以简单理解为不同高度大气层辐射的峰值波长有差异）和光的干涉测量原理，实现大气的垂直探测，即给大气做“CT”，最终输出大气的温度和湿度垂直分布数据。

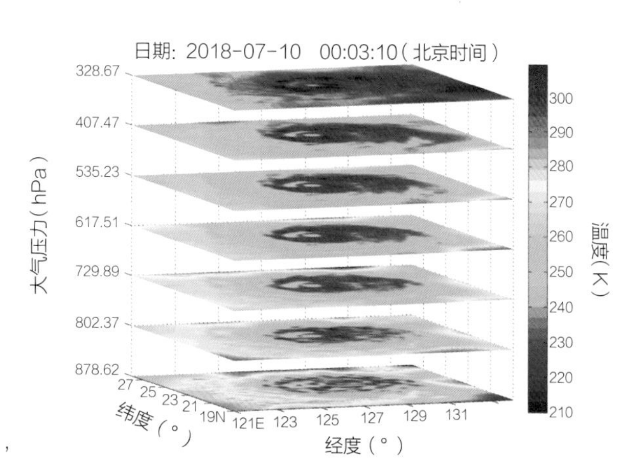

▲ 风云四号卫星干涉式大气垂直探测仪给大气做“CT”，最终反演出大气的温度和湿度垂直分布数据

4. 按应用领域可分为：应用探测有效载荷、科学探测有效载荷和实验类有效载荷

应用探测有效载荷产品直接服务于天气预报业务。科学探测有效载荷主要用于开展空间环境、空间物理探测。实验类有效载荷主要用于验证新型载荷技术，为后续仪器发展做准备。

气象卫星携带多种有效载荷实现了紫外、可见光、红外、微波全波段气象成像、高光谱探测和主动微波探测，是遥感卫星中携带有效载荷数量最多、波段最全、通道数最多、探测要素最全和应用产品最多的卫星系列。

3.1.2 结构与机构分系统——“主结构，担重任”

卫星结构是支撑卫星有效载荷及其他分系统的“骨架”，决定了卫星内部的支撑形式和外部的构型。卫星结构能够保证卫星部件在运载火箭发射和卫星在轨运行阶段满足振动力学响应、温度交变等环境要求。卫星的主结构形式主要有中心承力筒式、桁架式、箱板式。大卫星多数采用中心承力筒式或桁架式，小卫星一般采用箱板式。

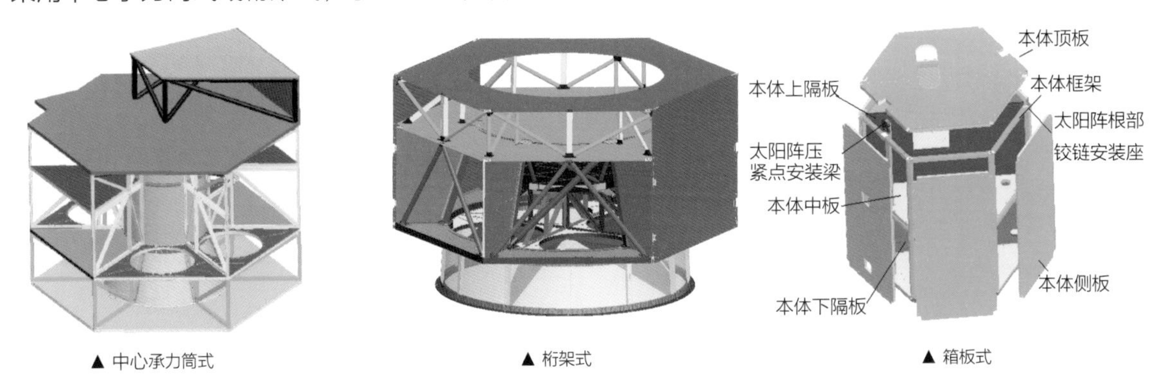

▲ 中心承力筒式　▲ 桁架式　▲ 箱板式

风云三号卫星、风云四号卫星的结构采用中心承力筒结合桁架的方式，内部被分为推进舱、服务舱、载荷舱等多个舱段。通常，卫星的结构需要支撑起自重 10 倍以上的质量，还要考虑结构刚度和强度，并减弱卫星发射时振动的传递，如风云四号卫星用 400kg 左右的结构支撑起 5 500kg 的卫星质量。

▼ 卫星结构

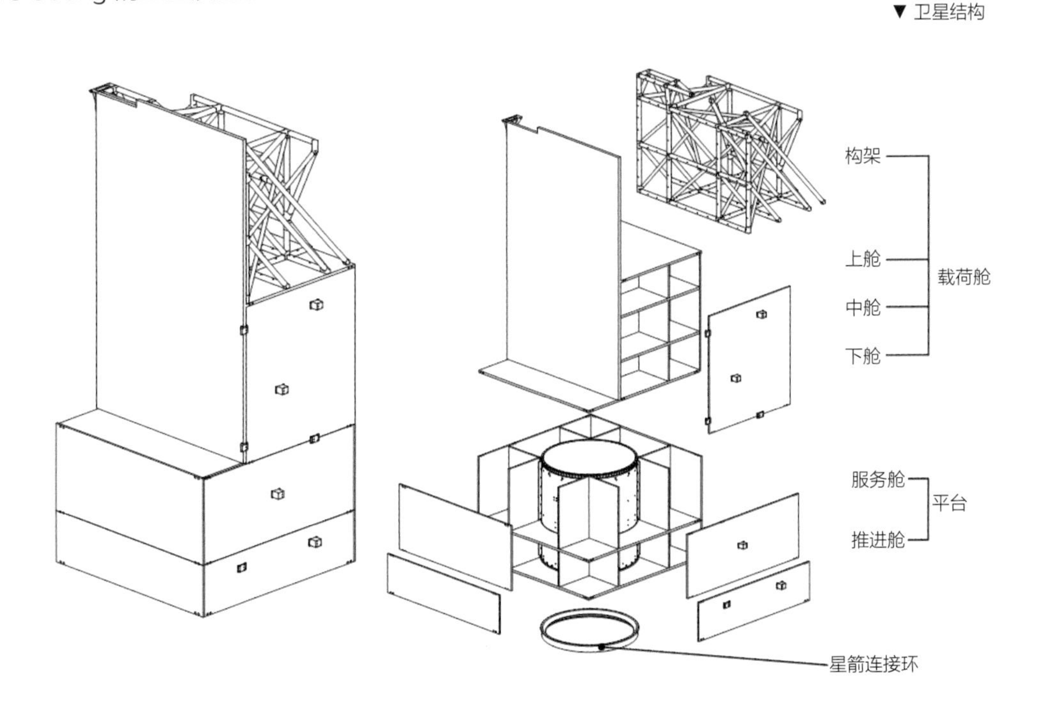

卫星机构中各个活动的“关节”是卫星上产生动作的部件，用于完成卫星部件的指向，如卫星展开式天线压紧释放机构、太阳帆板驱动机构等。

1. 天线压紧释放机构

天线压紧释放机构的作用是将天线展开至离星体较远的位置，避免星上部件对天线视场的遮挡，同时还可以驱动天线对地面接收站或中继卫星进行指向跟踪。天线压紧释放机构发射时处于锁紧状态，入轨后解锁展开，通过电机驱动实现天线指向。

▼ 天线压紧释放机构组成

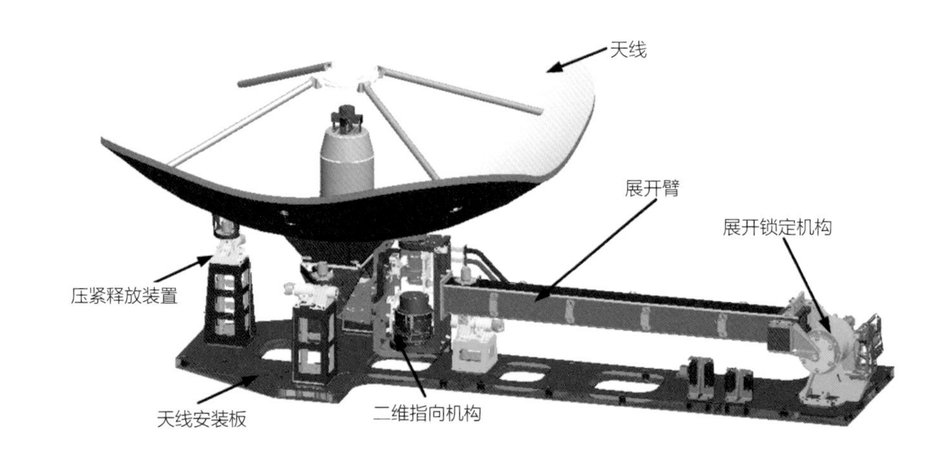

2. 太阳帆板驱动机构

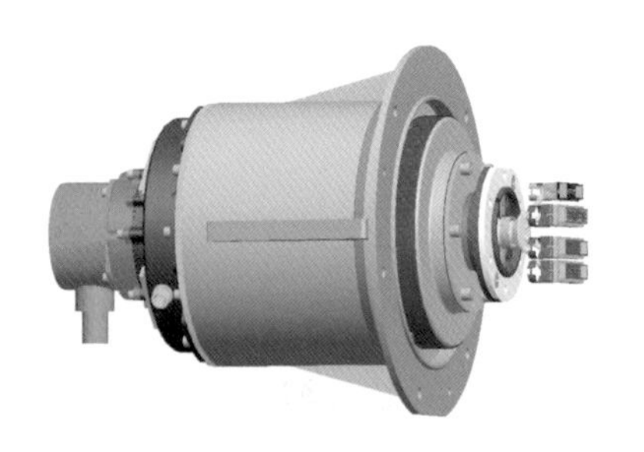

▲ 太阳帆板驱动机构组成

卫星相对于太阳的位置存在日变化和年变化，而太阳帆板作为卫星的电能来源需要连续稳定的太阳光照射。太阳帆板驱动机构的作用就是驱动太阳帆板转动，实现对太阳的连续跟踪，同时还要负责把太阳帆板上获取的电能传递到卫星内部。其主要原理是通过电机和轴承驱动太阳帆板实现稳定跟踪，通过导电滑环实现电能和信号的传输。

气象卫星小词典：导电滑环

导电滑环是实现固定位置与旋转位置之间电能和信号传输的机电部件，可在太阳帆板 360° 单方向转动的情况下，实现星外太阳帆板端到卫星舱内能源和信号的传输。

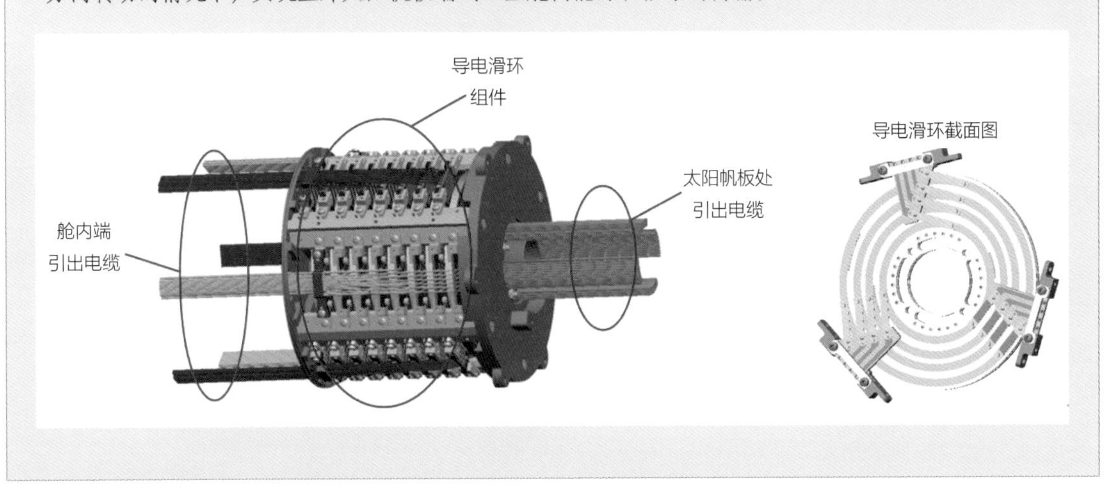

3.1.3 热控分系统——“知冷暖，控温度”

气象卫星工作于真空低温的外太空环境，在无大气层保护的状态下，同一时刻，气象卫星向阳面直接受到太阳照射，温度为 200℃以上，而背阳面温度约为 -200℃。气象卫星单机的工作温度一般为 -15~45℃，

▼ 多层隔热组件

▼ 铝 - 氨槽道热管

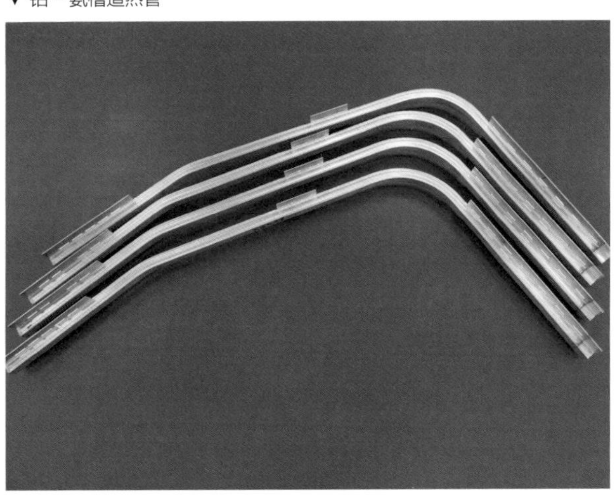

热控分系统就是通过对卫星内外热交换过程的控制，承担起为卫星“散热”和“保暖”的任务，保证星体各个部位及星上仪器设备在整个任务期间都处于“适宜”的温度范围。

常用的“散热”和“保暖”手段有：给卫星穿上多层材料的“衣服”实现隔热，给星体和单机涂上特殊的涂层材料实现热量的反射，通过“热管”这一特殊材料的导热装置实现热量传导，以及设计专用制冷器实现更高效的与外太空的热交换等。

卫星热控分系统能够满足星上部件在理想的温度范围内工作，对特殊部件深低温制冷可达到 -200℃以下，对于有特殊要求的部件局部温度控制的波动量可达 0.05℃以内。

近年来，随着新材料、新工艺和新技术的发展，相态变化储能装置、纳米热控薄膜和相态变化扩热板等新型热控手段逐渐在卫星上开展应用，利用更先进的技术，实现更好的保温和散热，获取更大的散热面积或更高的散热效率。

▲ 相态变化储能装置

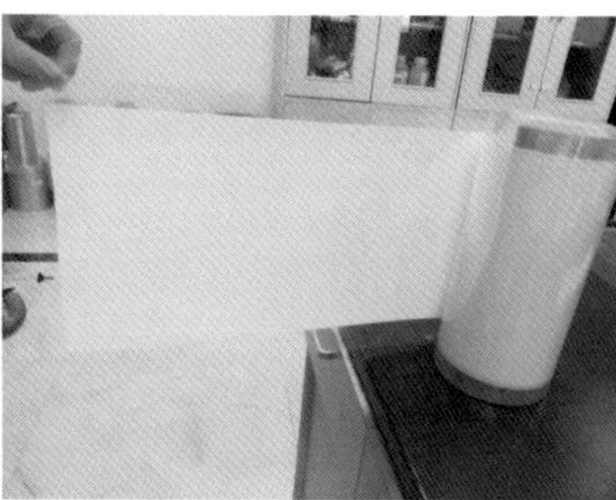

▲ 纳米热控薄膜

▲ 相态变化扩热板

气象卫星小词典：神奇的热管

卫星不同的部位温度差异很大，极端情况下温差可在数百摄氏度，这可能导致部分设备由于过热而无法正常工作。为了保证高效率热传导以实现卫星的等温化设计，热管被大量应用在气象卫星上。热管是一种依靠自身内部工作液体沸腾吸热及冷凝放热来实现热量传递的传热元件，其当量导热系数是铝合金材料［约 120W/(m·K)］的数百倍，有“热的超导体”之称。

热管的一端为蒸发段，另一端为冷凝段。蒸发段受热时，疏松多孔的吸液芯中的液体沸腾汽化，流向冷凝段放出热量凝结成液体，依靠表面张力的作用，液体再沿吸液芯流回蒸发段，热量就这样在气体—液体—气体的往复循环中被源源不断地从一端传递到另一端。热管中最关键的部件是紧贴内壁的毛细槽道，表面张力提供了液体在毛细槽道中回流的动力，它是永远不知疲倦的“液体搬运工”。

▼ 热管工作原理示意

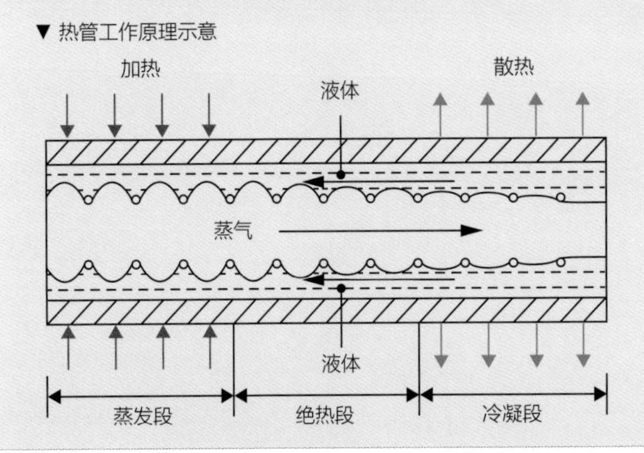

▼ 热管截面

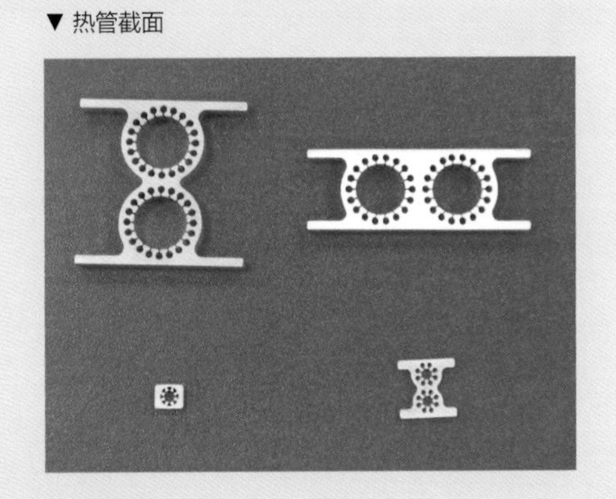

3.1.4 能源分系统——“追太阳，供电力”

能源分系统是卫星重要的平台分系统之一，它包括发电装置、电能储存装置、电源控制和配电部件等，为卫星的仪器设备提供能源，直至卫星寿命终止。

能源分系统的发电装置种类很多，如化学电池、核电源、太阳电池阵等。其基本原理是通过物理变化或化学变化将化学能、核能或光能转变为电能。在轨道上运行的卫星大部分时间处于光照期，尤其是地球静止轨道气象卫星，每年 99% 的时间都有光照。太阳光是取之不尽、用之不竭的能源。太阳电池阵就是用太阳电池作为光电转换器件，利用物理变化将光能转换为电能，这是目前卫星的首选发电装置。

当卫星运行在轨道的地影期时，无法获取太阳能，必须有电能存储装置为卫星的仪器设备供电。卫星的储能装置有很多种，蓄电池组是卫星的首选储能装置。蓄电池组的功能是在光照期充电实现能源存储，当卫星在地影期时，太阳电池阵无法提供能源，蓄电池组实现卫星仪器设备的能源供给。

电源控制和配电模块对供电电压和功率进行调节和控制，为卫星各仪器设备进行电能分配，并可通过电压变换器变换母线电压以满足卫星仪器设备不同的用电电压需求。

▼ 卫星能源系统

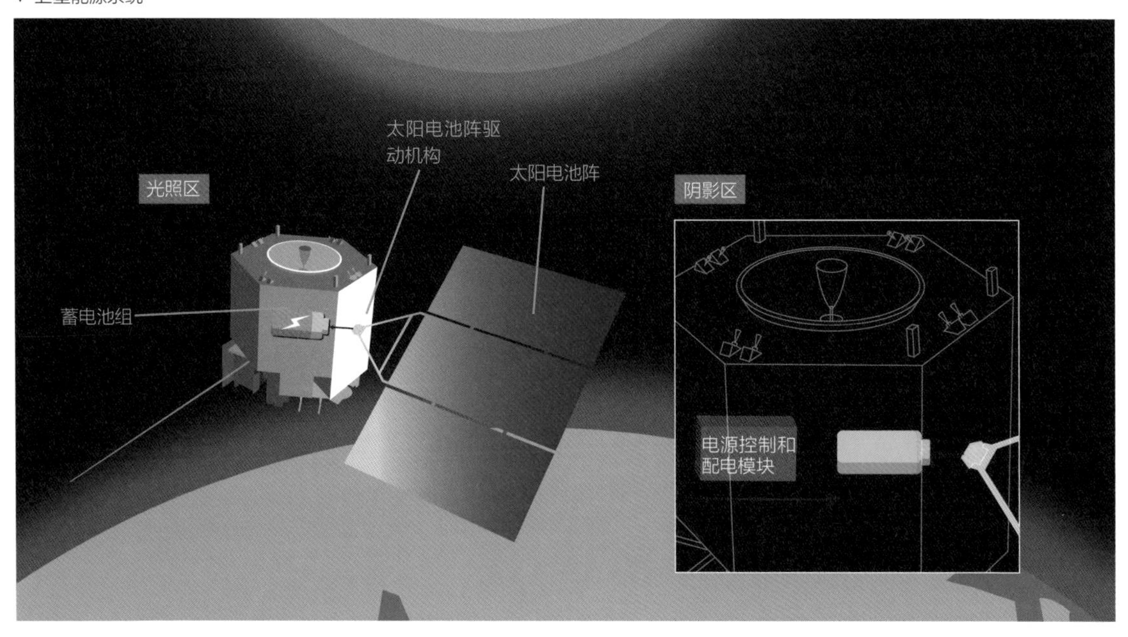

气象卫星小词典：为什么第二代气象卫星的太阳电池阵是单翼的？

卫星的“翅膀”——太阳翼（也叫太阳帆板或太阳电池阵）是用来为卫星提供能源的，一般的空间飞行器均采用对称的太阳翼设计，这有利于卫星在空间保持姿态稳定。而我国的风云三号卫星、风云四号卫星均采用了单太阳翼的设计，主要是因为装载的红外遥感仪器使用辐射制冷器冷却红外探测器至50～70K（-223.15～-203.15℃）的低温，同时保证温度波动小于 ±0.1K。辐射制冷器采用被动辐射制冷，没

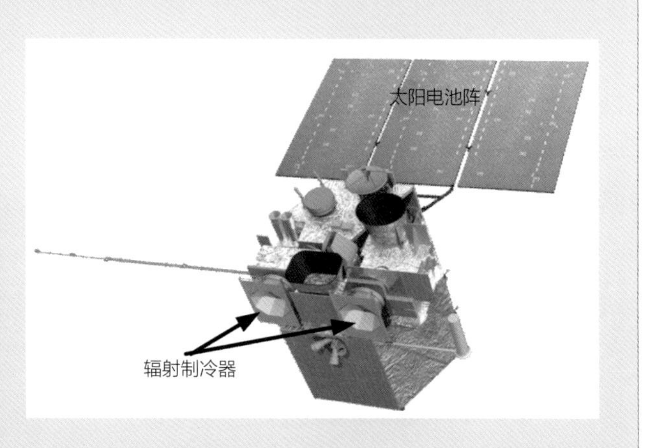

有运动部件，可靠性高。辐射制冷器要求其散热面 180° 视场内无遮挡，同时还要无太阳光照射，因此卫星在辐射制冷器散热面一侧未安装太阳翼或其他的展开机构。风云四号地球静止轨道气象卫星为了保证辐射制冷器全年不受太阳光照射，每年春分和秋分期间会执行“调头”操作：每年的春分到秋分，太阳直射北半球，辐射制冷器朝向赤道面南侧；反之秋分到第二年春分，太阳直射南半球，卫星调整姿态使辐射制冷器朝向赤道面北侧。

3.1.5 姿轨控分系统——“知方位、调姿轨”

卫星在太空运行，需要控制其在预定的姿态下，沿着指定的轨道飞行，这就是卫星姿轨控分系统的任务。以一辆在马路上行驶的小汽车来举例，它在某一时刻，轮胎与地面接触，车头前进方向就是姿态，而在一段时间内所行驶的轨迹就是轨道。如果发生了事故出现翻车就是姿态失控，而偏离了马路行驶则是轨道偏离。

姿轨控分系统的典型配置在功能上由三大部件组成，即计算机子系统、测量子系统、执行子系统。

计算机子系统就像是操控汽车的自动驾驶芯片或人脑，主要承担卫星姿态和轨道控制策略计算、部件组件的执行控制等功能。

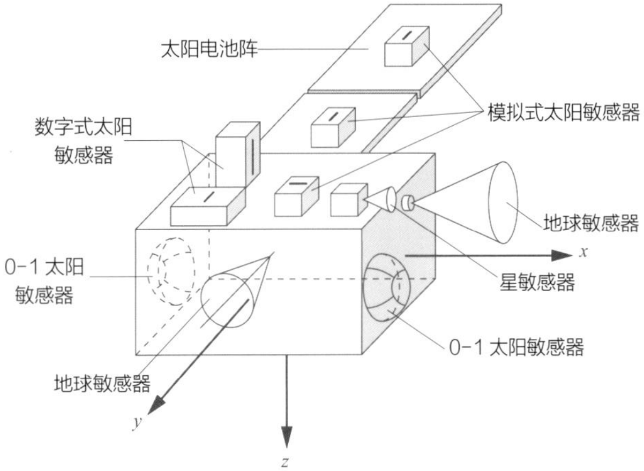

测量子系统就像汽车上配置的各类摄像头和雷达，实现姿态和轨道的测量功能，一般包括地球敏感器、星敏感器、陀螺组合、太阳敏感器等。该系统可以利用恒星、太阳等基准源，实现卫星自身姿态和轨道位置信息的获取。

▼ 卫星测量部件工作原理及布局示意

卫星在轨道上运行，测量部件安装在星体上，包括本体和单翼的太阳电池阵，例如，太阳电池阵上安装太阳敏感器，用于太阳电池阵的对太阳跟踪，获取稳定的能源；地球敏感器通过圆锥扫描方式，获取卫星相对地球的姿态；星敏感器通过观测太空中恒星的位置，以此为基准确

▼ 推力器工作原理示意

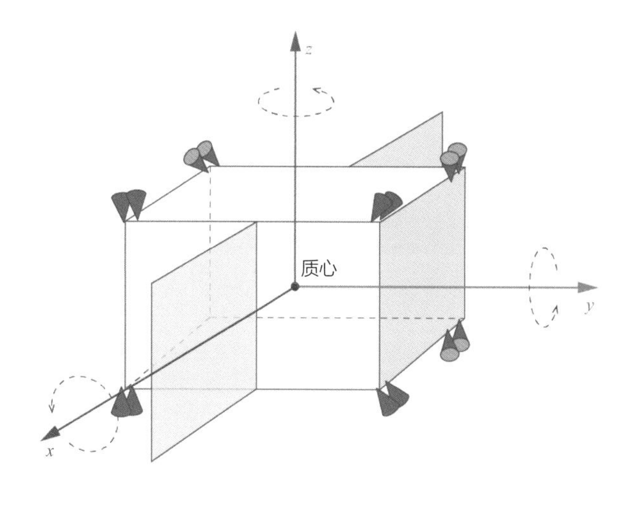

定当前卫星的姿态和位置，并解算出卫星姿态信息。

执行子系统就像是汽车的发动机、轮胎等，实现对姿态和轨道的控制功能，一般包括飞轮、磁力矩器、控制力矩陀螺和推力器等。通过不同的手段产生力矩，以达到抵消卫星所受到的外力影响，实现卫星姿态、轨道状态稳定或机动的目的。

以推力器为例，它是卫星控制使用最广泛的执行机构之一。一颗卫星一般有多组推力器，根据控制要求安装在卫星的不同位置。

常见姿轨控分系统产品

▶ 星敏感器

▶ 数字式太阳敏感器

▶ 力矩飞轮

气象卫星小词典：姿轨控分系统核心成员

卫星姿态：指卫星星体在轨道上运行时所处的空间指向状态。通过高精度控制卫星姿态，可以实现大气、地物目标等的连续观测。

卫星轨道：是指卫星在空间飞行的轨迹。根据经典物理学原理，在空间引力场的影响下，卫星在空间获取了一定方向的速度后，不需要再加动力就可以环绕地球飞行。

星敏感器：以恒星作为姿态测量的参考源，通过敏感恒星辐射，可输出恒星在星敏感器坐标下的矢量方向；利用3颗以上的恒星观测结果，可以确定卫星当前的位置和速度信息；由位置和速度信息，结合卫星轨道参数能够解算出卫星姿态。右图是星敏感器获取的星图数据，可以为航天器的姿态控制和导航提供高精度的测量数据。

根据牛顿第二定律，推力器通过推进剂排出，产生反作用推力，实现卫星姿态和轨道控制的目的。需要指出的是，当推力器推力方向过卫星质心，将产生控制推力，实现卫星轨道控制；当推力器推力方向不过卫星质心，将同时产生控制推力和相对卫星质心的控制力矩，实现姿态控制。

3.1.6 图像定位与配准分系统——“防抖台，定毫厘”

气象卫星运行在距离地球几百至几万千米高度的轨道上，其在空间飞行过程中平台姿态指向，轨道定点位置，仪器热学、力学环境存在长周期和短周期变化，使得遥感仪器光轴偏离其理想（理论几何计算）指向位置，图像中的目标与实际地理经纬度信息的对应关系产生偏差。例如风云四号卫星距离地球约 36 000km，遥感仪器光轴指向偏差 0.1°，将引起对地观测 62km 的偏离，进而导致预报北京下雨，实际降雨落在天津的错误推断，真所谓“差之毫厘，谬以千里”。图像定位与配准分系统则负责对遥感仪器的指向误差进行导航修正和精准定位。

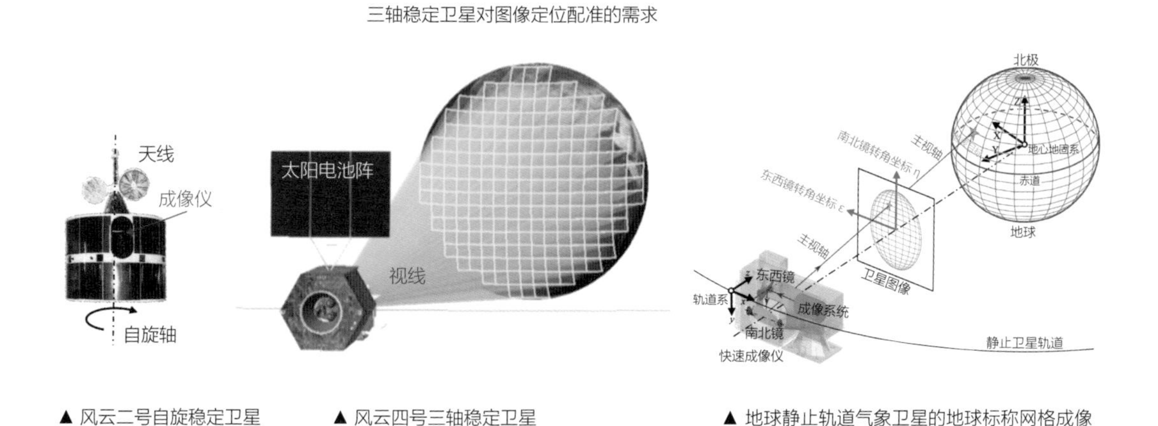

▲ 风云二号自旋稳定卫星　▲ 风云四号三轴稳定卫星　▲ 地球静止轨道气象卫星的地球标称网格成像

地球静止轨道气象卫星运行在约 36 000km 的太空，随地球同步旋转。遥感仪器一幅全分辨率（每像素 500m）的地球图像有 4 亿像素，全天 24h 工作，每张图像的每个像素都需要准确匹配到对应的经纬度位置，这就是图像定位与配准的核心作用。为了实现图像的精确定位与配准，卫星需要克服以下困难。

1. 地球静止轨道气象卫星轨道“非绝对静止”对仪器视轴指向的影响

由于受到地球引力摄动的影响，地球静止轨道气象卫星的轨道位置相对地球并不是绝对静止的，会发生漂移，引起成像仪器视角变化，导致连续拍摄的图像发生相对运动，得到的是在不同视角下地球的“侧视图”。这就需要采取一定方法对轨道运动引起的图像视角变化进行补偿或校正，以提高图像的定位精度。气象卫星通过装载的北斗等导航卫星信号接收设备，实现卫星在轨精确位置的定位，精度可以达到米级。

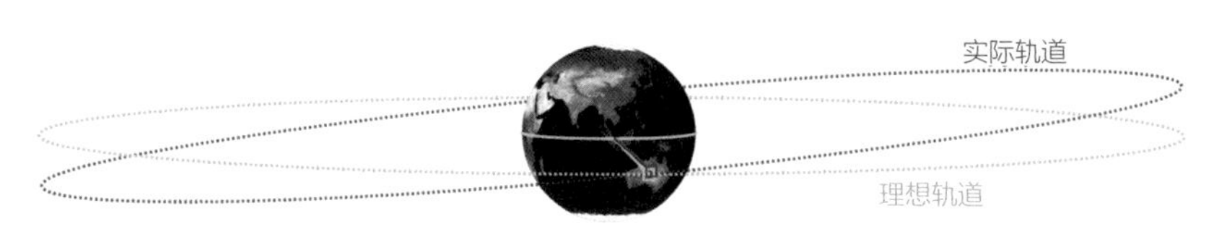

▲ 理想轨道位置与实际轨道位置的偏差

2. 由卫星姿态运动引起的图像抖动

卫星在太空中对地成像期间没有固定支撑，容易受到各种内外干扰产生姿态变化。卫星平台姿态的微小变化都将对地面成像目标的空间几何关系产生极大影响，导致图像偏离预期位置，影响图像定位精度，造成连续图像中出现短周期的抖动，因此需要在星上对姿态运动进行补偿校正。卫星的姿态通过卫星上装载的高精度星敏感器精确测定。

▼ 轨道和姿态偏差对图像的影响

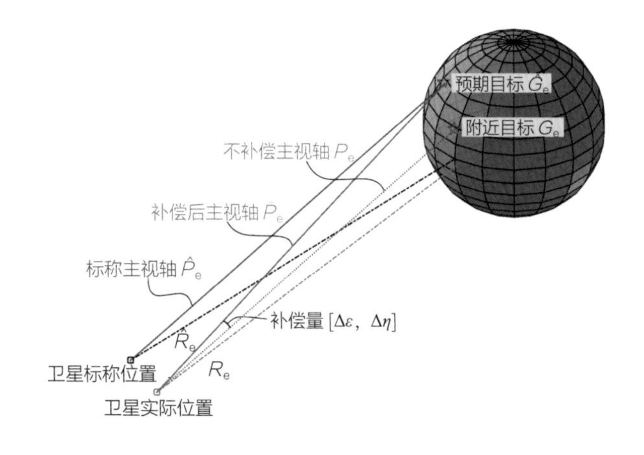

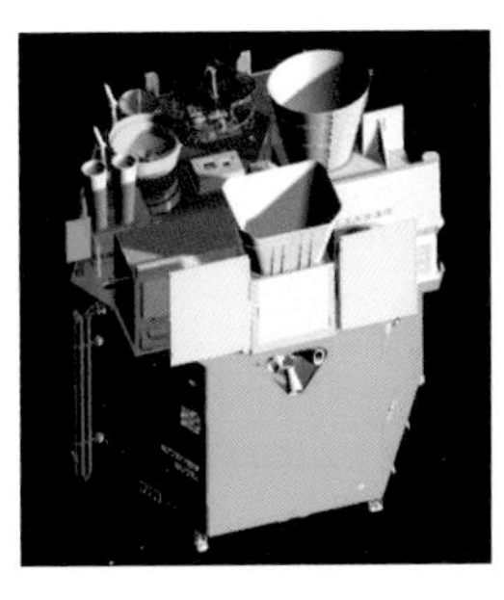

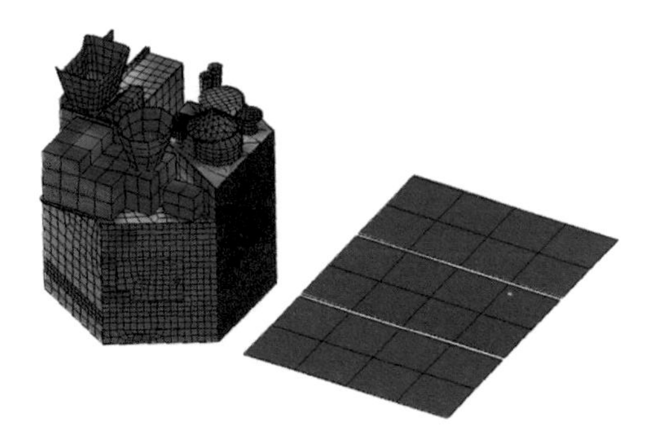

▲ 太阳光照射卫星表面

▲ 卫星表面温度场分布（热控云图）

▲ 热变形导致的图像扭曲

3. 由星上热变形引起的图像畸变

热胀冷缩是日常生活中常见的物理现象，但对于高精度遥感卫星来说，冷热交变（产生热变形）引起的光学畸变是精密遥感仪器最难解决的问题。虽然星上遥感仪器已经使用了特殊的、热膨胀系数极低（温度变化时材料几乎无变形）的材料，但仍不能满足精度要求。在 24h 周期内，太阳光依次照射卫星的不同表面，太阳照射到的表面的温度可在 200℃以上；受卫星本体遮挡，太阳无法照射到的表面的温度低至 -200℃。剧烈的冷热交变使精密遥感仪器产生微妙的光学变形，导致图像产生移动、旋转、畸变和扭曲。这种由空间热环境、内应力等因素引起的在轨变形发生在微观层面，机理十分复杂且难以精确测量，需要通过数学建模、辨识和补偿方法解决。

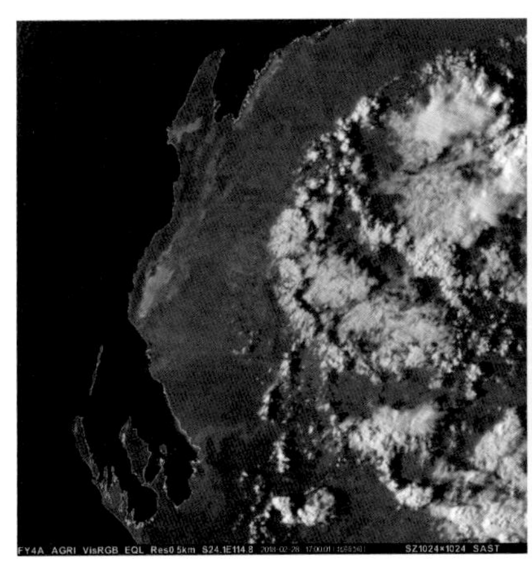

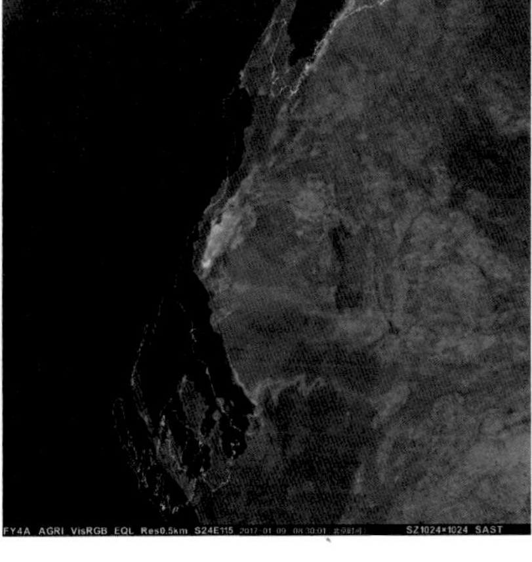

◀ 风云四号卫星图像定位与配准结果（左图为修正后，右图为修正前）。斯里兰卡星上修正前图像与定位网格偏差在 100km 以上，星上导航定位与配准开启后，误差减小到 1km 以内，因此图像定位与配准被誉为地球静止轨道气象卫星平台“防抖台”

图像导航定位与配准就是要解决气象卫星在空间中的位置漂移、姿态抖动和太阳光照不均匀引起的热变形这 3 方面问题综合引起的遥感图像偏移。当前，我国已成为继美国后第二个掌握图像定位与配准核心技术的国家。风云四号卫星在 36 000km 的太空实现了图像常年定位误差小于 1km，达到了国际先进水平。

3.1.7 测控与综合电子分系统——“大管家，联天地”

卫星发射后，地面工作人员需要及时了解卫星运行轨道及卫星各分

▼ 测控与综合电子分系统在轨工作原理

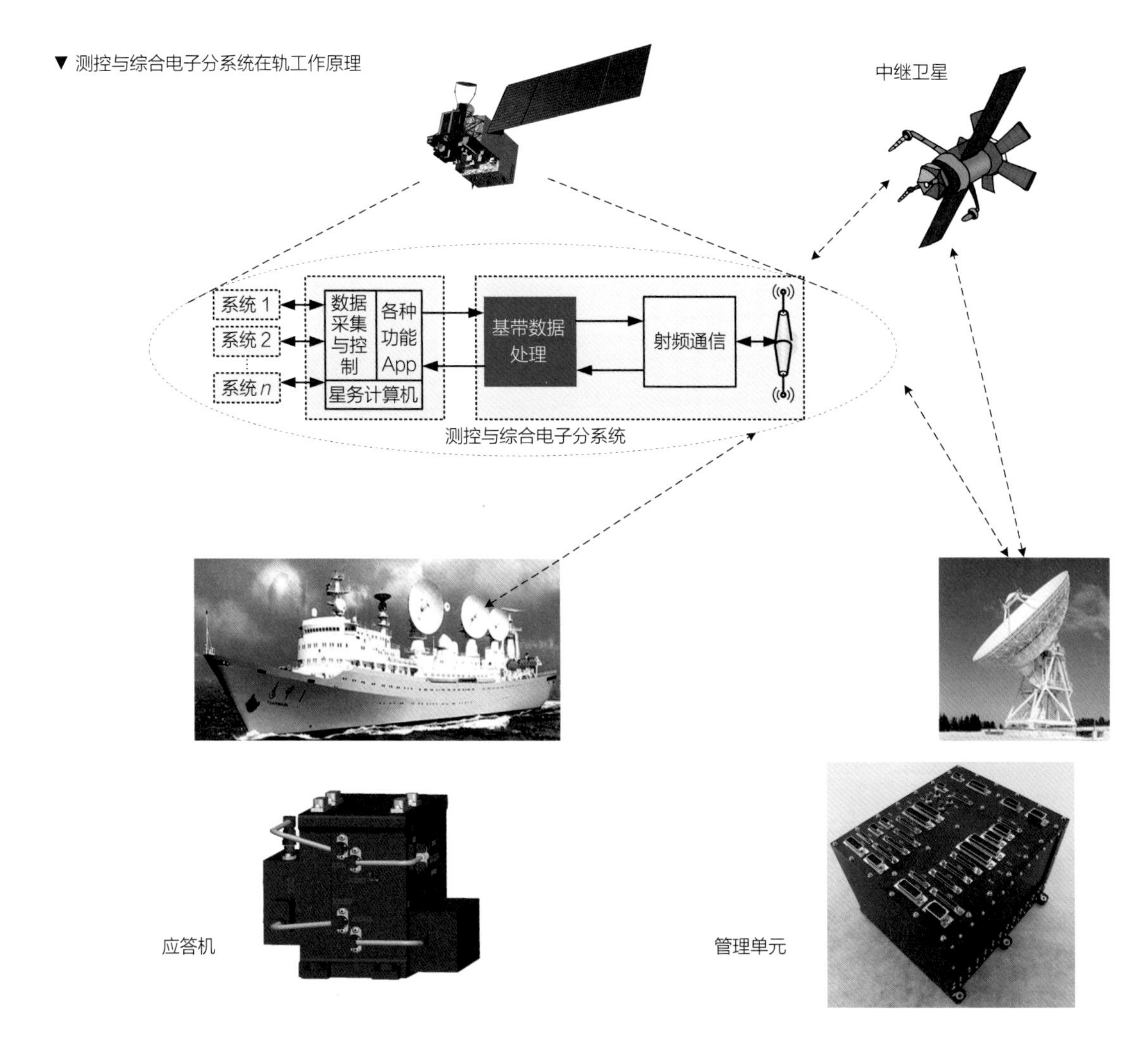

系统的工作情况，同时还要在地面对卫星飞行轨道、姿态以及各分系统工作状态进行控制，这需要地面测控网和卫星测控分系统共同完成。

卫星测控分系统是地面测控站和卫星交换信息的桥梁。一方面，测控分系统就像是卫星的“耳朵”，当卫星飞过地面测控站的可见范围时，能够“听到”地面人员发送的无线电遥控指令，从而可以调整卫星的工作状态；另一方面，测控分系统也需要采集星上各分系统的温度、能源、运行状态等数据，并且将这些关键信息以无线电的方式传递到地面测控站。

综合电子分系统是卫星的“大脑”，主要实现整星的信息调度和管理、遥测数据采集与管理、遥控指令调度与执行、热控管理等功能。

随着卫星智能化程度的提高，测控与综合电子分系统的作用越来越强大。除了传统的星地时间同步、热控管理、能源管理、数据管理等功能外，还具有基于图像目标提取的自主任务规划功能，能够判别有效载荷的图像数据，提取出暴雨、台风、火灾等初步信息，调度相关有效载荷对受灾区域进行加密观测，为地面防灾减灾提供数据支撑。

同时，测控与综合电子分系统为卫星设计了多项安全防护功能，即使卫星在轨遇到能源危机、供电异常、失温、姿态翻转等情况，测控与综合电子分系统也可对故障进行自动处置，保证卫星安全。

在系统的硬件组成方面，测控与综合电子分系统中的天地一体化应答机建立与地面测控站、海上测量船、中继卫星间的通信链路，完成星地信号的扩频、解扩、调制、解调、编码、解码等功能，与测控天线配合实现准全向的测控通道。

3.1.8 数据传输分系统——“通信站，传信息”

卫星的观测数据如何传递到地面？这需要依靠卫星的数据传输分系统。数据传输分系统提供星上数据对地传输的通道，传统上，这个通道是“卫星→地面站”的直接通道，目前“卫星→中继卫星→地面站”的间接通道也得到广泛应用。

数据传输分系统的主要功能是进行星地间的数据通信，遥感仪器获取遥感数据后通过星上数据总线传送给数据传输分系统，这些遥感数据经过编码后进行调制、变频、放大，最终以无线电信号的方式向地面传播。地面接收站利用天线接收到卫星的无线电信号后，经过滤波、变频、解调，最终恢复出遥感仪器的原始数据。这就完成了载荷数据从星上到地面的传输。

随着卫星探测波段的增加和分辨率的提高，有效载荷的数据量也在成倍增加，这对数据传输分系统传输速率提出了更高的要求。如何提高数据传输分系统的通信速率？目前有两个方向，一是提高无线电通信中的载波频率，二是采用激光通信。无线电通信中的载波可类比为高速公路，传递的数据相当于马路上行驶的汽车，载波频率越高相当于车道越宽，这样可以允许更多汽车同时通过。卫星数据传输分系统通信频率早期使用L频段（传输速率约70Mbit/s），目前已经发展到了Ka频段（传输速率约2.5Gbit/s）。激光通信是利用激光传输信息的通信方式，它的工作过程和无线电通信有相似之处：在发送端，遥感仪器的原始数据通过光调制器被调制在激光上；在接收端，由光探测器将激光信号转变为电信号，最终解调为原始数据。目前，利用激光通信已经实现了星地10Gbit/s的数据传输，并且随着技术发展，传输速率还有很大的提升空间。

▶ 卫星数据传输分系统在轨工作原理

Ka 频段无线电信号、激光信号等容易受到天气的影响，比如在下雨天，Ka 频段地面接收功率就会因为雨衰而下降，从而造成通信中断；在多云的情况下，激光无法穿透云层，也会造成星地通信的中断。为了解决此类问题，风云气象卫星采用多接收站相互备份的办法。比如，经统计，内蒙古四子王旗和北京同时降雨的概率小于 1%，那么北京下雨时，可以将数据传输天线指向四子王旗；四子王旗下雨时，可以将数据传输天线指向北京。另外，在太空中由于无大气的影响，非常适合激光通信，因此激光通信广泛应用于卫星与卫星之间的通信。

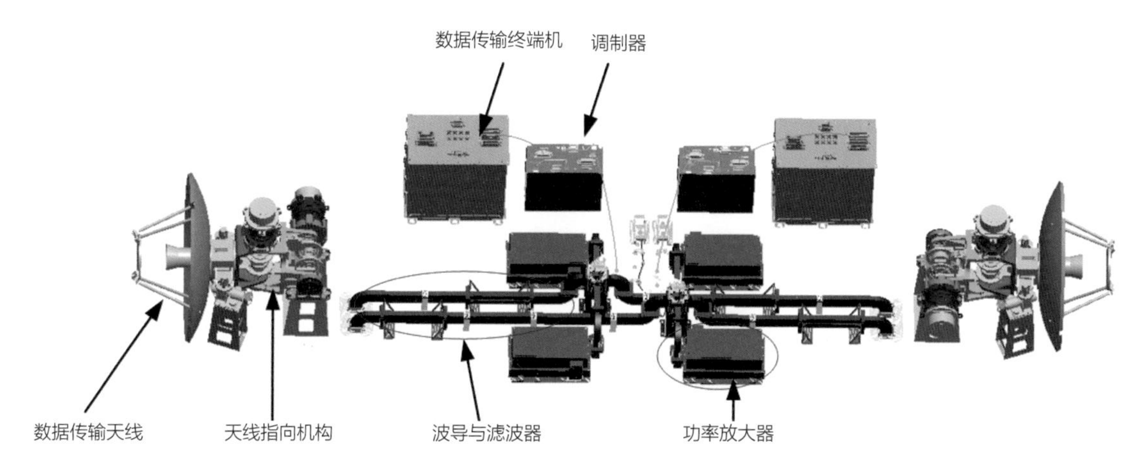

▲ 数据传输分系统

在系统的硬件组成方面，数据传输分系统的典型组成包括：数据传输终端机、调制器、行波管放大器、天线伺服和数据传输天线等。星上天线是其中的一项重要组成部分，天线的形式和性能对数据传输任务的完成具有重要影响。

我国第二代气象卫星——风云三号卫星采用 L 频段、X 频段传输遥感数据，风云四号卫星采用 X 频段传输，传输速率可达到 200Mbit/s，后续随着气象卫星空间分辨率和光谱分辨率的提高，将采用 Ka 频段传输。气象卫星遥感数据传输编码格式采用空间数据系统协商委员会（Consultative Committee for Space Data Systems，CCSDS）推荐的高级在轨系统（Advanced Orbiting System，AOS）标准，与国外的气象卫星数据传输的数据格式一致，便于气象卫星数据的全球使用。

3.2 气象卫星的研制

气象卫星工程属于现代典型的复杂系统工程，具有规模庞大、系统复杂、技术密集、综合性强等特点。研究人员采用系统工程方法，开展气象卫星设计及研制的各项工作。卫星研制流程包括卫星设计、加工、发射和在轨运行管理等阶段，各个阶段有不同的工作重点，需要不同的单位和人员参与。

▶ 研制流程

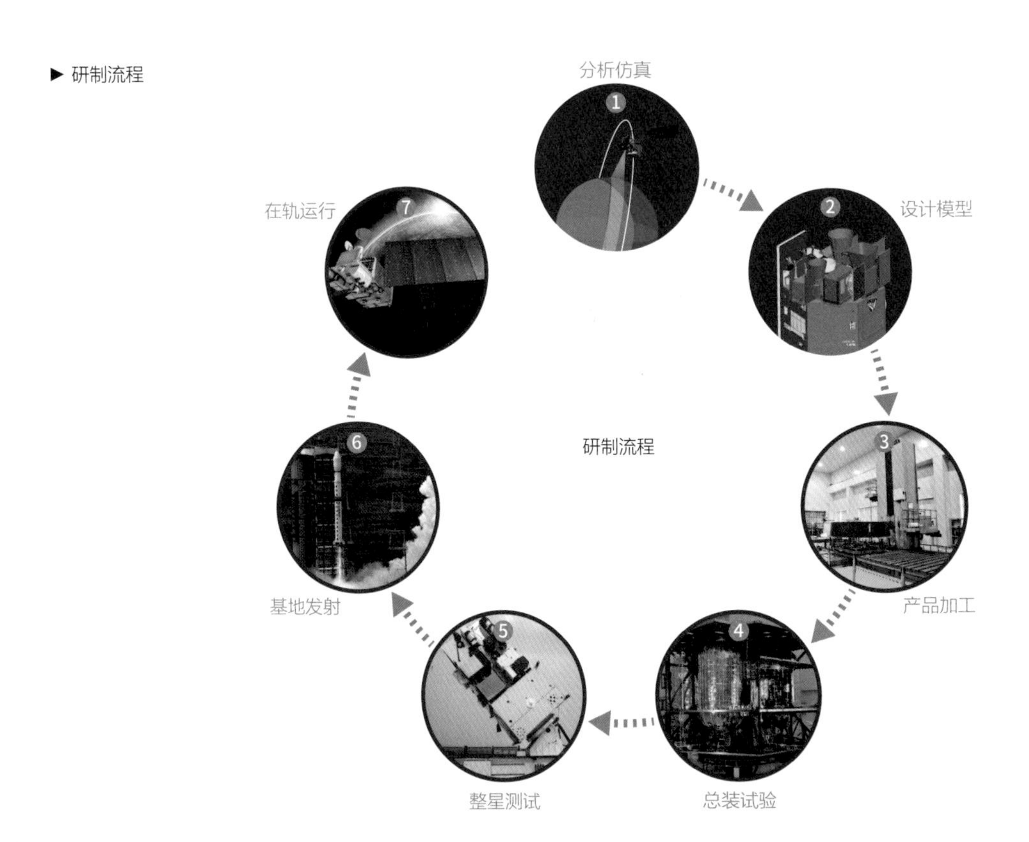

3.2.1 卫星的设计

气象卫星的设计大致可以分为以下几个阶段：卫星观测需求分析与统计、卫星方案选择和设计，以及卫星详细设计。

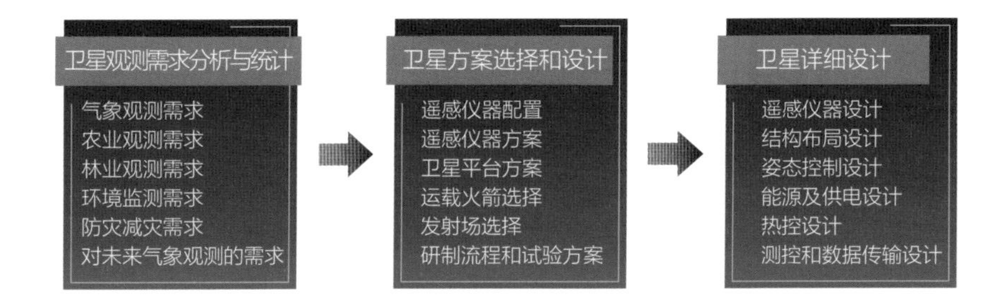

第一阶段为卫星观测需求分析与统计阶段：气象卫星最直接的用户为中国气象局，在卫星设计之初，中国气象局会征询农业、林业、环境、防灾减灾等部门的观测需求，结合各部门气象观测需求形成气象卫星的最终观测需求，在需求制定的过程中同时会参考世界气象组织对未来气象观测的需求，最后提出用户使用要求和研制周期要求。

第二阶段为卫星方案选择和设计阶段：由工业研制部门根据我国现有的工业水平，评估用户使用要求工程的可实现性，同时根据卫星研制周期要求，确定可行的卫星方案，包括卫星配置的有效载荷数量和类型、卫星平台、运载火箭、发射场及地面应用系统的方案，最终形成卫星系统的可行性论证报告，并对卫星满足用户的任务需求程度进行分析，与用户达成一致后开展后续的详细设计工作。

第三阶段为卫星详细设计阶段：针对用户的任务需求，需在规定的研制周期和成本的情况下设计一个能满足用户特定任务要求的、最优化的卫星系统。基本工作可归纳为：

① 将用户需求转化成由若干个分系统组成的系统，确定各分系统的功能及性能参数；

② 将卫星系统的功能和性能参数分解到各个分系统中，经过分析和协调保证各种功能和接口匹配，最终完成总体方案设计；

③ 提出产品质量、可靠性、寿命等保证要求，并开展相关验证试验。

卫星设计除了考虑性能指标满足用户需求外，同时还需要考虑环境适应性、约束性、可靠性、易用性等方面，以便打造一款好用、易用、耐用的卫星产品。

① 空间环境适应性：卫星需适应宇宙热真空和空间辐照环境，要

设计合理的外形和布局，以保证卫星具有良好的散热面和空间辐照防护措施；要修正太阳、月亮和地球非球形等不同引力对卫星运行轨道和位置产生的摄动；要考虑宇宙微流星和空间碎片威胁，同时还要避免地磁环境影响。

② 大系统中各组成分系统的约束性：大系统包括卫星系统、运载火箭系统、发射场、测控系统、地面应用系统等，在任务论证中要考虑卫星总质量、总包络尺寸与所选定运载火箭的要求匹配，同时要经受住火箭发射过程中产生的振动、冲击、过载及气动噪声等力学环境影响；考虑地面测控船对测控频段、测控体制、测控船站位置和可见时间段的约束；考虑发射场地理位置和发射方向对卫星入轨的影响，以及发射场保障条件等与卫星相关的要求；卫星部分性能参数的任务论证要匹配地面接收系统的频段、信息传输和性能指标要求等。

③ 卫星高可靠性和高安全性：由于研制和发射卫星成本高，卫星系统复杂，加之工作环境恶劣，一旦发射便不可维修，因此必须具有一定寿命的高可靠性；同时，总体任务论证要考虑卫星携带的易燃、易爆的推进剂和火工品等设备的安全性和风险性，需要对卫星进行动力学响应分析和试验，避免共振等。

④ 卫星自主控制与易用性：卫星在轨运行期间，为减小地面测控站的负担，减少人为差错引起的故障，需对其轨道测量保持和修正采用自主控制，利用跟踪与数据中继卫星系统，自主实现卫星轨道跟踪测量和数据实时传输；星上计算机增加自主控制、故障诊断和恢复设置，打造智能化卫星，提升用户体验，保证气象业务观测的连续性。

3.2.2 探秘气象卫星制造过程

1. 铝合金蜂窝夹层结构板制造——“质量轻，强度高”

蜂巢是由一个个六边形的“小房间”组合在一起的。蜜蜂用自身的热量把蜂蜡融化，然后钻到蜂蜡里面转圈，逐步形成一个个相互连接的六边形阵列。公元 4 世纪，古希腊数学家佩波斯提出，人们所见到的、截面呈六边形的蜂窝，是蜜蜂采用最少量的蜂蜡建造成的。18 世纪，达尔文提出，六面体的蜂巢是“最省劳动力、最省材料的选择”。直到 1999 年，美国密执根大学的数学家黑尔教授从数学上证明“蜂窝猜想”，正六边形是以同等面积的区域对一个平面进行分隔，周长最小的几何形状。蜂窝结构是覆盖二维平面的最佳拓扑结构，具有优异的几何力学性能。

航天工程师从蜜蜂筑巢的故事中汲取灵感，采用现代仿生技术和铝箔材料，设计出正六面体铝蜂窝结构。在其基础上，在蜂窝两侧进一步黏合超薄铝合金蒙皮，从而形成铝合金蜂窝夹层结构板，通常简称为“铝蜂窝结构板”。铝蜂窝结构板具有许多优越的性能，尤其以极佳的抗压、抗弯特性和超轻型结构特征而闻名，通常作为航天器主结构部件而被大量使用。铝蜂窝结构板的截面特征类似于连续排列的工字钢结构，封闭的六角等边蜂窝结构相比其他结构，能以最少的材料获得最大的受力能力。在同等厚度条件下，铝蜂窝结构板强度质量比和刚度质量比在已知材料中均是最高的，是铝合金实心板的近 5 倍、钢材实心板的近 10 倍。

铝蜂窝结构板通常采用热压成形技术制造。该过程是在热压罐中将铝合金蒙皮、蜂窝夹芯结构、高分子胶膜等用真空袋密封固定在模具上，在真空（或低气压）状态下依次经过升温、加压、保温（中温或高温）、降温和恢复大气压等系列

▼ 蜂窝

▼蜂窝夹层结构

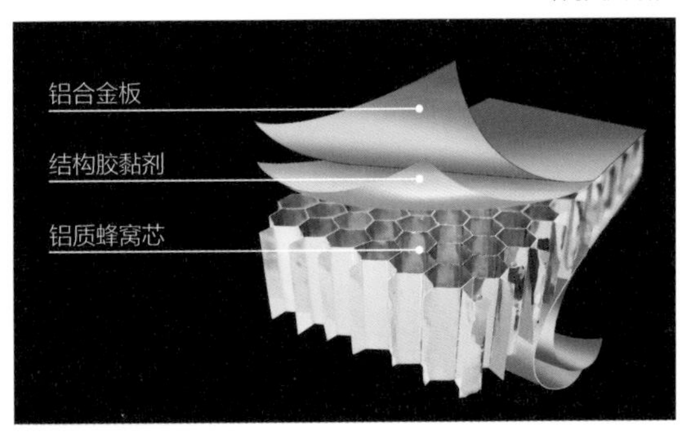

▼ 热压过程

▼ 铝蜂窝结构板

▼ 碳纤维网格布

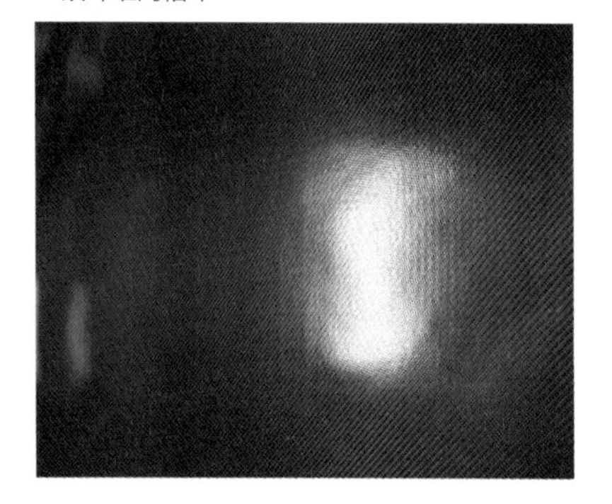

▼ 碳纤维浸渍缠绕

▼ 碳纤维复合材料杆件

▼ 碳纤维复合材料转接头

过程，使高分子胶膜固化，最终形成所需要的铝蜂窝结构板产品。

2. 碳纤维复合材料结构件制造——“比强度高，稳定性好”

古代劳动人民受到树木根系固土的启示，将茅草和黄土混合在一起，制作土坯墙，所建造的房屋经受数百年风吹雨打仍然屹立不倒。这是人类将“复合材料”应用到生活中的生动案例。当代科学家从大自然和劳动人民智慧出发，研制出不同类型的特种纤维材料，如碳纤维、玻璃纤维、聚酯纤维等。特种纤维如同植物在泥土内的根系、土坯内的茅草或混凝土中的钢筋一样，成为复合材料的超级骨架，与树脂类材料复合后，形成具有各种特殊性能的复合材料结构件。

碳纤维复合材料在航空航天领域的应用最为广泛，其比强度高、比模量高——强度高、密度低、变形小。碳纤维复合材料的密度约为钢的四分之一，抗拉强度是钢的7~9倍，达到3 500MPa。碳纤维树脂复合材料凭借优异的性能被广泛应用于卫星的各类结构零件上，大到卫星的主承力结构——承力筒，小到载荷的支撑杆件。

3. 卫星主结构平台精密装配——“控精度，保稳定”

气象卫星的主结构平台是各类气象精密观测设备的安装承载主体，可以提供稳定的结构支撑。气象卫星的主结构平台是由铝蜂窝结构板等多种复合材料组成的，通常包括数十件复合材料结构件、上千件金属紧固件等。卫星主结构的零部件类型和数量较多，工程师需要对其进行逐个编号，以确保每个零部件都安装在正确的位置并使用紧固件进行固定。气象卫星的主结构装配通常与“用积木搭房子”的过程类似，自下而上、逐层装配。

▲ 风云三号卫星主结构装配

▲ 风云四号卫星主结构装配

复合材料具有各向异性、脆性及非均匀性等特点，其损伤扩展特点及断裂性能都与常规金属材料有很大的区别。受材料性能及加工工艺限制，复合材料结构件的形状误差较常规机械加工产品误差大，直接装配将导致产品局部变形过大，甚至出现分层或基体碎裂。在气象卫星主结构装配过程中，工程师通常需要根据产品的个性化特点，制定专用的装配补偿方法，对紧固件、孔、垫片等进行调整，控制装配干涉量，提高卫星结构稳定性，确保精密装配连接可靠。

气象卫星的主结构平台装配精度对卫星开展精确观测至关重要。工程师将整体允许误差量分解为若干个机械误差组成部分，并将误差控制点分解到单个步骤的装配过程中，最终保证主结构平台装配误差在最大允许误差范围之内。

为实现卫星结构关键部位的精密装配及修整，工程师采用激光扫描等方法，检测数控机床与产品之间的静态及动态精度，补偿弱刚性结构板的加工过程振动，精确控制刀具轨迹，对卫星结构关键部位进行高精度加工修整。“失之毫厘，谬以千里”。以地球静止轨道气象卫星光学有效载荷安装面精度误差为例，光学有效载荷安装面 0.1° 的偏差，将导致地表观测对象的位置偏差 60km 以上。

▶ 失之毫厘，谬以千里

▼ 推进管路焊接过程

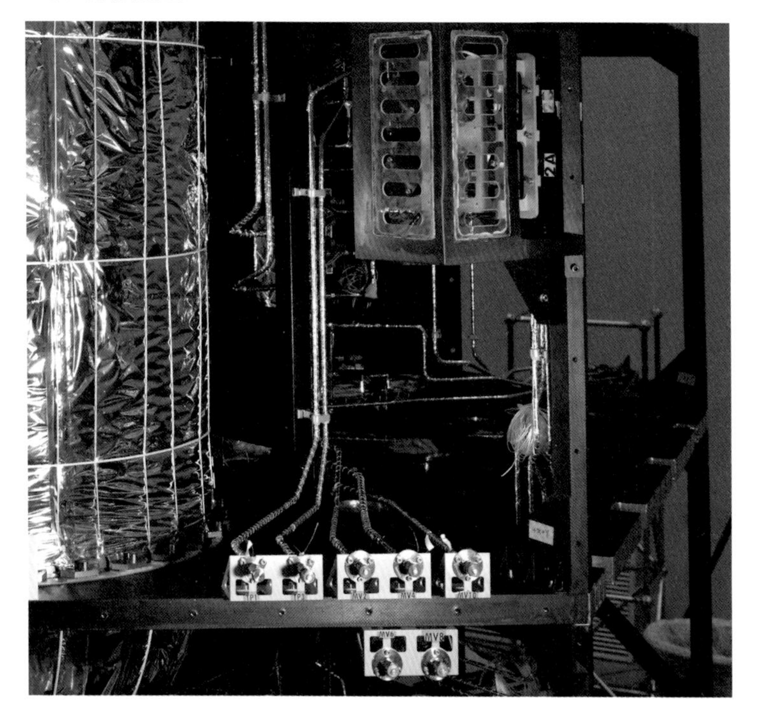

▼ 工业 CT 成像原图

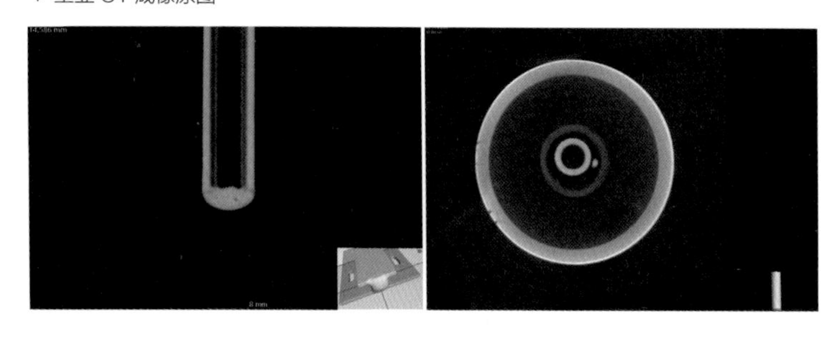

4. 卫星推进分系统焊接与装配——“连导管，做 CT”

推进分系统是气象卫星在太空中“奔跑”的“手脚”，有了推进的助力，气象卫星可以变轨到达预定的轨道位置。一般情况下，推进分系统的燃料储箱安装在卫星内部靠近中心的位置，推力器则根据需要分布在气象卫星四周的各个重要部位。为了保证装满燃料的储箱与推力器之间互联互通，工程师需要将这些管路弯曲成形后连接起来。

气象卫星上的管路连接主要通过焊接方式实现。焊接过程如同人体组织损伤后的修复，焊接缝隙处会长出新鲜的“血肉”，最终将两侧的管路牢牢地连接在一起。由于推进剂泄漏会对产品造成极大的危害，工程师对焊缝的部位往往格外小心，应用最先进的工业成像设备——数字 CT 给焊缝做全面检查。数字 CT 通过 X 射线绕目标 360° 旋转照射一周，经软件处理后形成一个 3D 的缺陷数据集，从而可以分析每一层的层析图像。数字 CT 可以穿透数十毫米厚的钢铁，对异常部位的缺陷进行立体成像，帮助工程师及时排除风险和隐患。通过这双“慧眼”，工程师可以精确观察推进分系统“身体”中任意位置的健康状况，从而保证气象卫星太空飞行能够万无一失。

5. 卫星热控产品集成制造——“做防护，保冷暖”

太空环境可以用“冰火两重天”来形容，向阳面区域阳光毒辣，背阳面区域严寒阴冷。与此同时，太阳风带来的各类空间高能粒子和宇宙射线不断来袭，在多重因素的共同作用下，卫星表面的产品性能会逐步发生变化。为了应对恶劣的太空环境，工程师必须对气象卫星展开精密防护。我们经常看到卫星外表的部分区域包裹着金色或银色的外衣，部分区域覆着白色或者银色等不同的颜色涂层。

这些金色或银色的外衣就是多层隔热组件，其主要作用是隔断太阳光照射、抵御外部加热，同时在阴凉区域保温以保存自身热量。多层隔热组件的法向当量导热系数为 10^{-4}W/(m · K) 量级，约为铝合金导热系数——通常在 120W/(m · K) 左右的八千万分之一。这样的太空保温服是怎么制造出来的呢？工程师根据太空环境（真空）的特点，使用对太阳光能够产生高反射的薄膜，设计出多层薄膜反射且互不接触的层叠结构，将热传导和热辐射两种形式的热交换降至最低，最终形成超低导热系数的多层隔热组件。针对薄膜的功能需求，工程师利

▼ 多层隔热组件端面

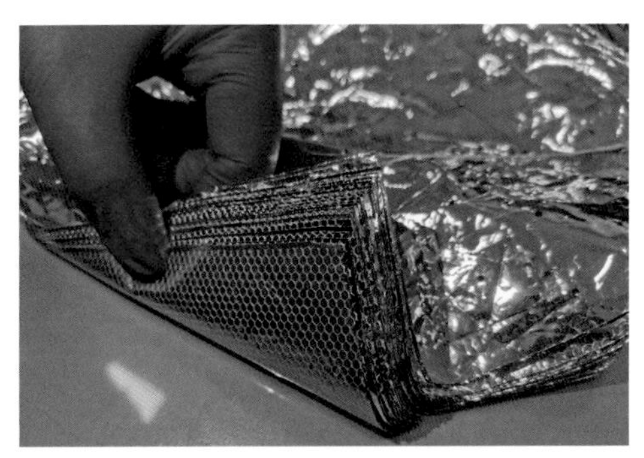

▼ 中低温多层隔热组件

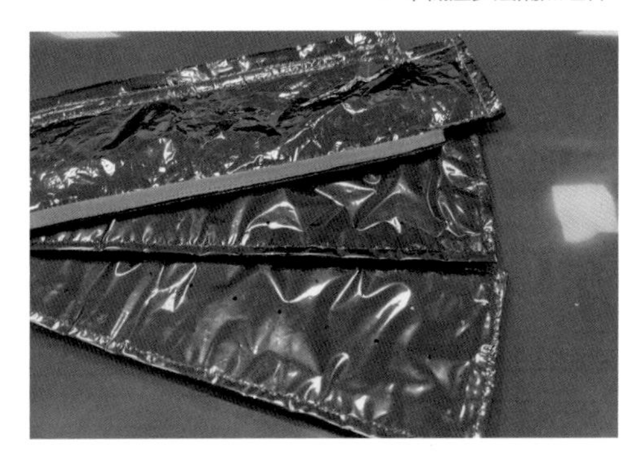

▼ 高温多层隔热组件

用洛伦兹力原理，开发真空磁控溅射技术及设备，制备出氟46、聚酰亚胺、金属箔等多种类型的气象卫星用热控薄膜。这些薄膜与网格布一起，在能工巧匠的“缝制”下，一件漂亮的“外衣”就诞生了。通过不同的薄膜材料与间隔层组合，可以加工形成低温多层隔热组件、中温多层隔热组件、高温多层隔热组件，适应不同温度区间下的工作环境。

气象卫星向宇宙空间散热主要依靠卫星表面白色或者银色的太空用特种热控涂层。白色或者银色热控涂层的太阳吸收比较低，在太阳照射下吸收太阳光热量较少，因此通常用来向宇宙空间散热。该类热控涂层采用极为特殊的材料与工艺制成，其在太阳及空间高能粒子等照射下，通常能够保持较为稳定的性能。工程师根据气象卫星在轨道上的姿态特点，选定特定的区域作为散热区域，喷涂白色或者银色的热控涂层。气象卫星舱体内通常涂装高红外半球发射率的热控涂层，一般为黑色热控涂层；在光学相机遮光罩内等光路相关的部位，通常使用具有消除杂散光功能的热控涂层，如超黑热控涂层等。当前，太空用特种热控涂层的涂装工作通常使用机械臂批量完成。

为了适应宇宙空间的深冷环境，气象卫星结构平台通常还使用电加热器维持温度。气象卫星的蓄电池、光学相机等产品的性能受温度影响较大，需要对其安装部位及产品进行格外照顾。航天工程师通常会选用电加热片、电加热丝等产品，对需要进行温度维持的部位进行加热，以防止产品温度过低或开展高精度温度控制。常用的电加热片是将聚酰亚胺和康铜箔共同组成的三明治结构，通过化学蚀刻形成不同的加热丝形

▼ 热控涂层配制

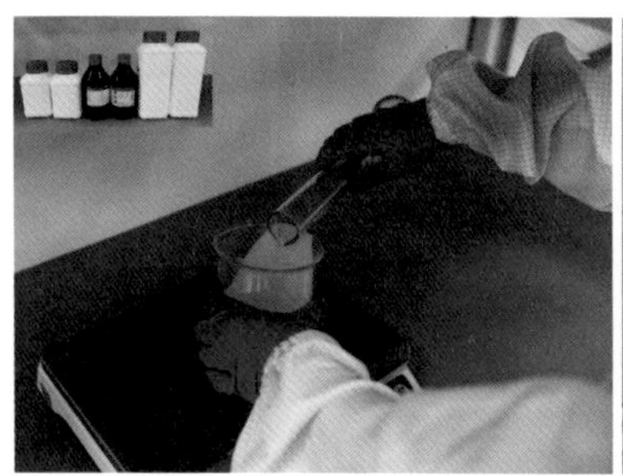

▼ 机械臂批量喷涂蜂窝板

▼ 白色热控涂层产品

状，控制加热器的阻值参数，最终压合封装成为电加热片。通过硅橡胶将电加热片粘贴装配在卫星产品表面后，控制系统就可以控制加热器的开关，调节产品的温度。

▼ 三明治结构 / 刻蚀后未压合状态

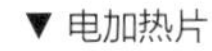

▼ 电加热片

▼ 粘贴电加热片

6. 星上电缆敷设集成——“供能源，通信息”

气象卫星上的电缆可以简单区分为供电电缆和信息电缆。从气象卫星能源站——蓄电池出发，气象卫星的供电电缆以最优的走线路径，铺设至每台仪器旁，为仪器设备提供充足的电能供应。气象卫星上各类仪器设备的用电量差异很大，既有电机等用电大户，也有嘀嘀嗒嗒一刻不停的低功耗晶体振荡器。工程师根据各仪器的用电量，对应选择各种不同直径的特制金属导线，加工成为长短不一的定制化供电电缆。如同高压供电线固定在电线杆顶部一样，星上的供电电缆沿着卫星主结构的舱板向前延伸，沿途固定在一个个支架上。

▲ 气象卫星的供电

气象卫星还配置用于信息处理与交换的综合电子模块，并通过信息电缆连接各类仪器设备，形成互联互通的信息交换网络。气象卫星上各类微弱信号信息极其容易受到复杂环境的电磁信号干扰，从而导致信息出现偏差甚至错误。为保证微弱信号的传输质量，工程师设计了专用的宇航信息电缆，一方面降低引线传输阻力，尽可能减小信号衰减；另一方面采用屏蔽措施，减少环境干扰。在信息电缆的连接下，各类传感器和仪器设备形成的信息可以高速交换，形成气象卫星内部的神经网络体系。

▼ 气象卫星的低频电缆

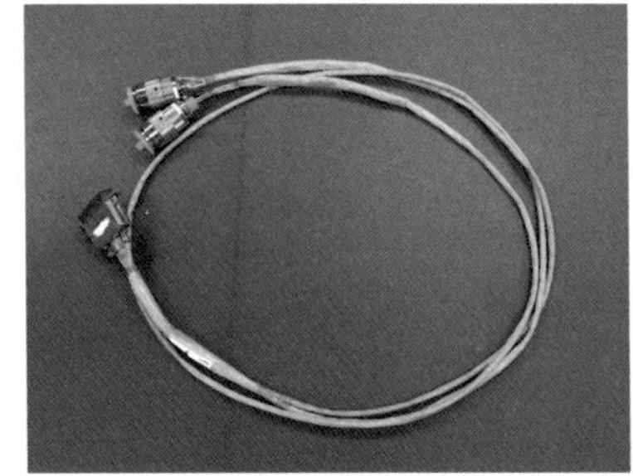

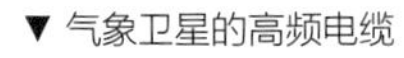

▼ 气象卫星的高频电缆

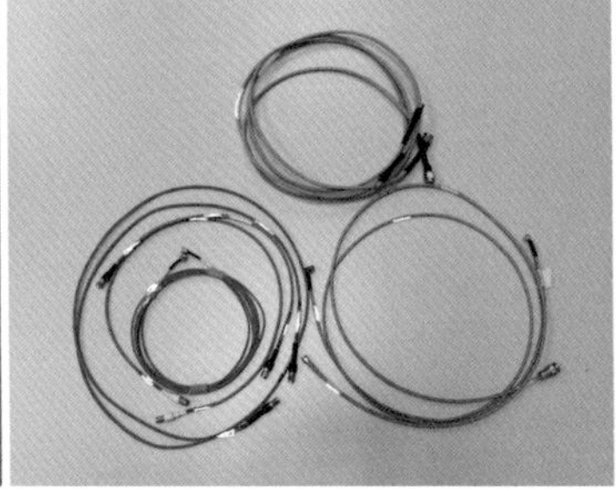

▼ 气象卫星的半刚性电缆

7. 气象卫星仪器设备精密装配——“集大成，造精品”

工程师在气象卫星机械零部件、热控零部件、电子学单机等产品制造基础上，进一步开展气象卫星的机械－供电－热控（以下简称机－电－热）整星装配集成工作。气象卫星通常装载使用较多的光学敏感器件和污染敏感器件，如星敏感器、太阳敏感器、光学相机、太阳翼驱动机构等。因此，气象卫星的机－电－热总装集成工作通常在接近恒温、恒湿

▲ 气象卫星机－电－热总装集成现场

▲ 气象卫星设计-制造协同研制

的洁净厂房内进行。

随着计算机辅助工程（Computer Aided Engineering, CAE）等现代制造技术的发展，气象卫星的设计-制造协同、产品物料智能管控与配送、装配生产线动态调度等先进制造技术不断应用在气象卫星制造过程中，同时生产保障服务、地面设备配套等过程加速走向数字化。计算机及互联网技术为传统制造技术赋能，也为气象卫星研制效率和质量同步提升插上了一双翅膀。

▼ 吊装行车起吊大型载荷装星

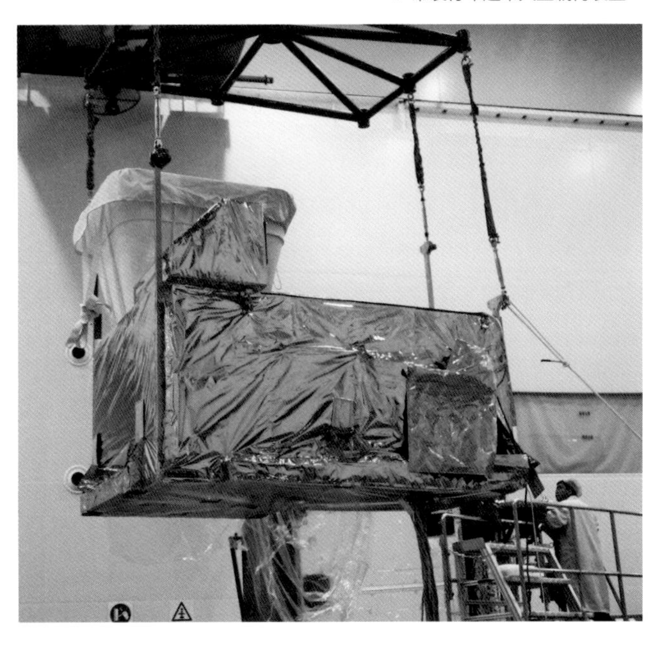

气象卫星主结构平台完成机-电-热集成制造后，各类精密仪器设备便可以开始上星装配。这些精密仪器设备，对安装位置的要求差异较大。气象卫星的锂离子蓄电池在室温 (20℃左右) 条件下性能最佳；光学相机通常安装在卫星平台的对地面上；太阳辐照度监测仪和空间粒子探测仪等空间天气观测设备，需要瞄准太阳或指向空间某一预定方位。为了让每一台精密仪器设备都安全可靠地装配在预定位置，工程师贡献了多种创意妙招。气象卫星主载荷与卫星平台舱板之间的安装配合面，需要相互平行且孔位对准，才能有效避免产品表面被磕伤、划伤。厂房高处的“大力士”吊装行车、四处移动辅助对接的叉车、帮助大块头翻身的机构装置等，都是各类仪器设备精密装配过程中的得力帮手。

▼ 风云四号卫星调水平现场

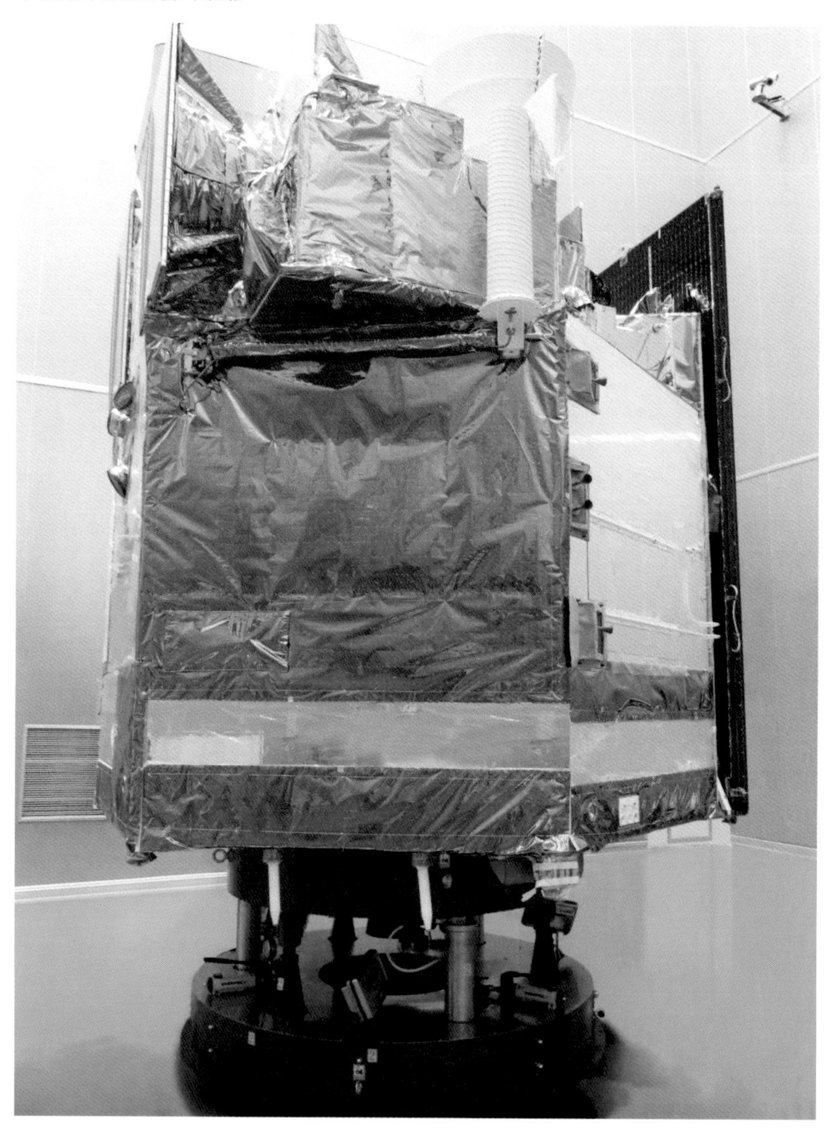

气象卫星需要从地面飞向太空，并且在太空中绕地球高速（约7km/s）飞行。为保证各仪器设备安全可靠地固定在卫星主结构平台上，工程师为每一台精密设备都设计了多个螺栓紧固点。这些螺栓看似是一个个“小不点”，通过定量力矩精密装配，却能够“力顶千钧”且防松防滑，将仪器设备牢牢地固定在基座上。每一台仪器设备各自就位后，工程师便小心翼翼地接通电源和网络，确保气象卫星系统状态正确。这些工作完成后，气象卫星的总装集成制造便完工了。

3.2.3 气象卫星的全方位“体检与试验”

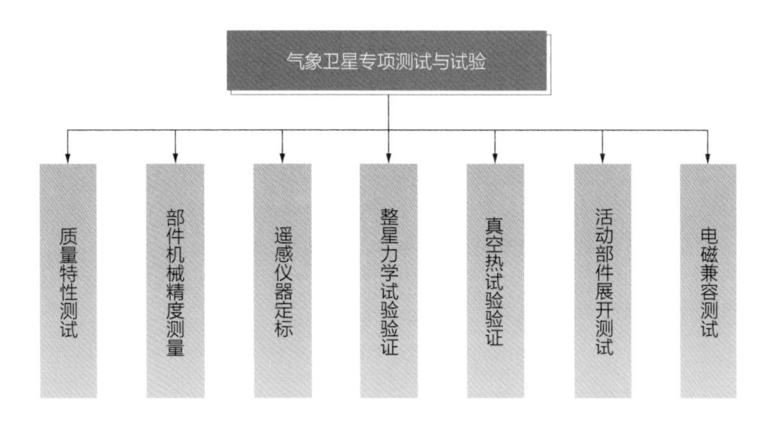

1. 气象卫星质量特性测试——“称质心，测惯量”

气象卫星的质量、质心、转动惯量等参数，对于运载火箭和气象卫星都至关重要。运载火箭和气象卫星在太空飞行过程中，均需要保持一定的姿态稳定度，如运载火箭沿飞行方向的旋转角速度应控制在一定范围内，气象卫星在轨飞行过程中需要稳定地指向地面目标等。若气象卫星超重，运载火箭将无法提供足够的推力将其送入太空；气象卫星的质心位置偏离运载火箭的轴线一定范围后，将给运载火箭的飞行姿态控制带来困难；气象卫星在太空中的翻身、调头等姿态控制动作实现，均与转动惯量的大小密切相关。

▼ 质量特性测试

气象卫星质量特性测试包括质量测试、质心位置测试、转动惯量测试等。通常情况下，航天工程师将气象卫星停放在地面沿圆周呈 120° 布置的 3 台电子秤上，通过称重即可快速得到卫星总质量及面内两个方向的质心位置。另外，将整星通过设备倾斜一定的角度，即可测量出气象卫星在高度方向的质心位置。航天工程师采用扭摆等方法测量气象卫星在 3 个轴线方向的转动惯量，为姿控分系统提供转动惯量参数等测试值。

2. 气象卫星部件机械精度测量——“测方位，定位置”

一颗独立完整的气象卫星，除了装载有效载荷（各种气象观测仪器）之外，还有感觉及运动“器官”，如星敏感器、飞轮、机械陀螺等。这些精密设备，一方面可以“听取”气象卫星所需的各类重要信息，另一方面如同“四肢”一样可以对气象卫星姿态进行适当调整。如同人体一样，气象卫星的“眼、耳、鼻、口、脚、手”等“器官”按照预定的相对位置安装在不同的部位，用于精确感知外部环境变化。气象卫星各感觉及运动“器官”的相对位置设置，需要通过多种机械精度测试手段来保证完成。

在卫星主结构装配过程中，一般可以使用游标卡尺、杠杆百（千）分表、三坐标测量仪、落地镗铣床、激光跟踪仪等接触式测量设备对结构进行测量。在卫星机-电-热总装过程中，通常可采用光学电子经纬仪测量、激光跟踪测量系统测量、数字摄影测量、三维激光扫描、关节测量臂测量等方法对有效载荷等的安装精度进行高精度测量。

▼ 光学电子经纬仪测量基本原理

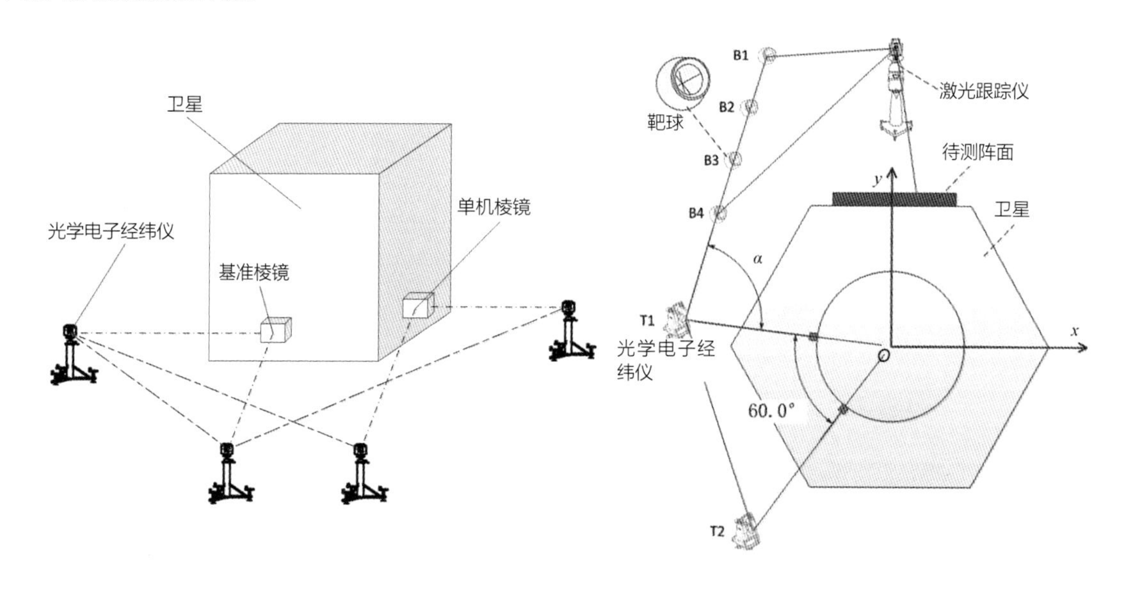

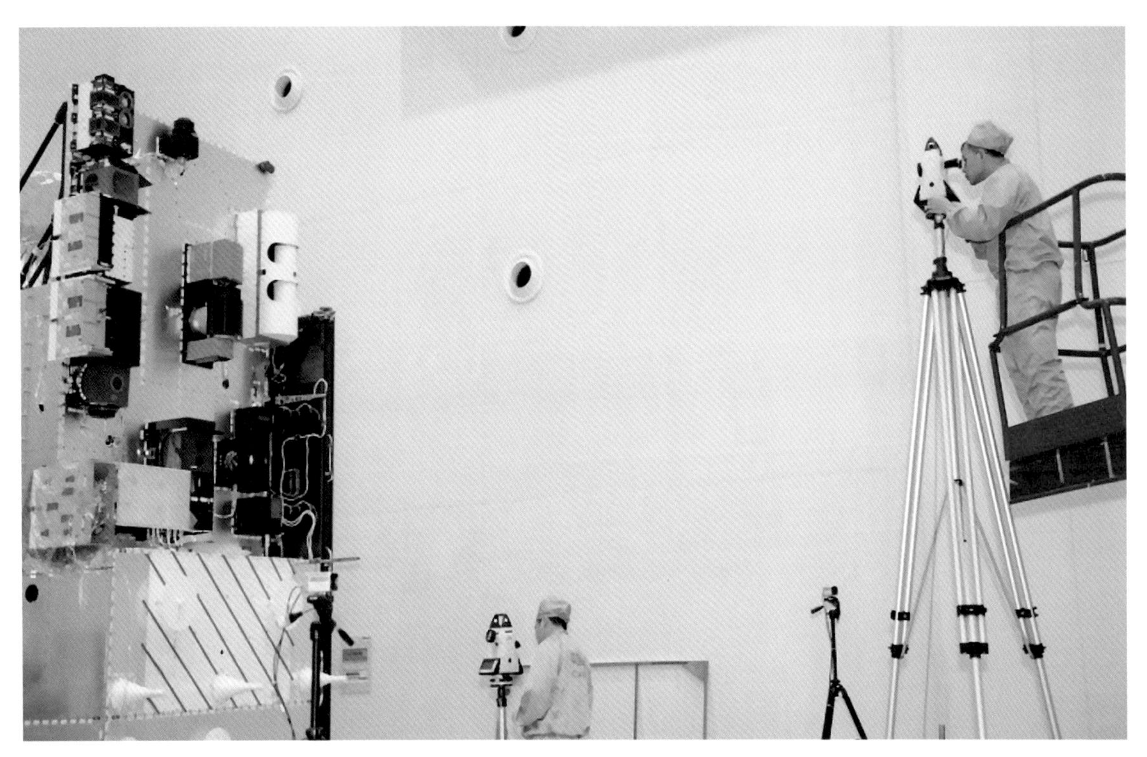

▲ 风云三号卫星机械精度测量现场

▲ 风云四号卫星使用高精度测量装置测量现场

3. 气象卫星遥感仪器定标——“设量程、标刻度”

如同尺子上有刻度标准、秤上有重量标准一样，气象卫星观测也需建立测量值与物理量的关联。为了让气象卫星观测数据更加真实地反映地球和大气的实际温度、湿度信息，在卫星发射前需要对遥感仪器进行定标。地面定标通过模拟太阳光、地球辐射和真空环境等，确定仪器的辐射测量范围，也就是“量程”；同时确定不同“刻度”对应的辐射量，也就是建立遥感仪器输出与实际物理量之间的对应关系的过程。根据所标定物理量的不同可分为辐射定标、光谱定标及偏振定标等。

▼ 获取定标系数

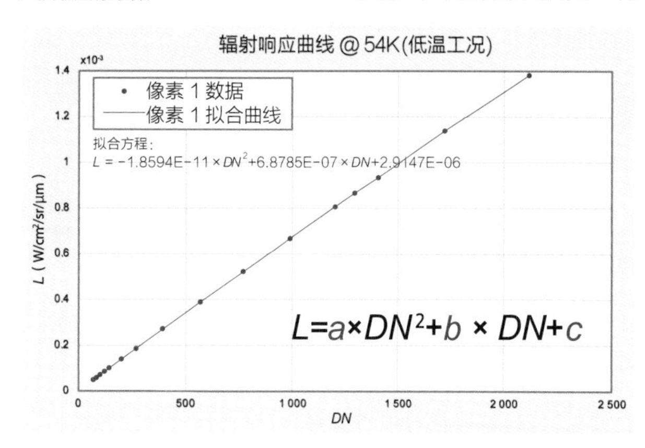

以红外波段辐射定标为例，一般认为遥感仪器的输出数字量与观测目标的辐射量（温度相关）呈线性关系，因此可以测量不同观测目标在不同温度下仪器的输出值，通过一次线性拟合获得一个线性方程（或二次拟合方程）。方程的一次项、常数项就是我们需要获得的定标系数，同时还需设置仪器的温度测量范围，如180~330K（约 −93~56℃）。地面红外波段辐射定标一般在真空罐内进行，使用标准的高发射率目标（称为黑体），通过改变黑体温度获得不同温度下仪器的输出。真空环境的主要目的是排除空气吸收干扰，同时对仪器红外探测器进行制冷，一般制冷至 80K（约 −190℃）以下。

▼ 风云气象卫星遥感仪器定标现场

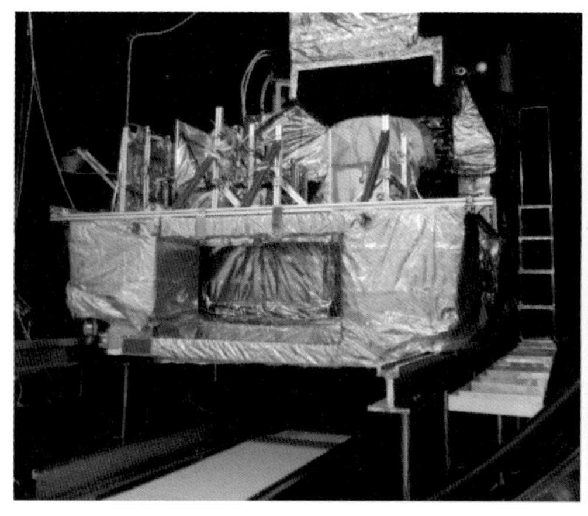

4. 气象卫星整星力学试验验证——“测频率，防共振”

任何一个物体都存在固有的振动频率，称为固有频率。当物体受到外界因素引起的振动频率与物体的固有频率相同时，会引起物体非常大的振动，这种现象叫作共振。历史上由共振引发的事故案例有很多。19 世纪初，拿破仑的一队士兵迈着威武雄壮、整齐划一的步伐通过法国昂热市一座大桥时，桥梁突然发生强烈的共振并且最终断裂坍塌，造成许多官兵和市民落入水中丧生。之后，许多国家的军队规定，大队人马过桥时要改齐步走为便步走。1999 年，伦敦市政府在泰晤士河上修建了一座造型优美的千禧桥；在投入使用后的短短 3 天，人群密集地踏上桥后，桥梁开始出现共振现象，表现为剧烈地横向侧移和上下摆动，伦敦市政府不得不对千禧桥进行结构上的加强和改造。

▼ 改造后的千禧桥

气象卫星在搭乘运载火箭升空的过程中，火箭向上产生推力的气流不均匀，就如同乘坐汽车一样产生颠簸，造成箭体及所承载的卫星产生一定频率的振动。这个外部因素的振动频率如果和卫星上某些结构的固有频率相同，就会产生共振，会对

▼ 对风云二号卫星开展噪声试验

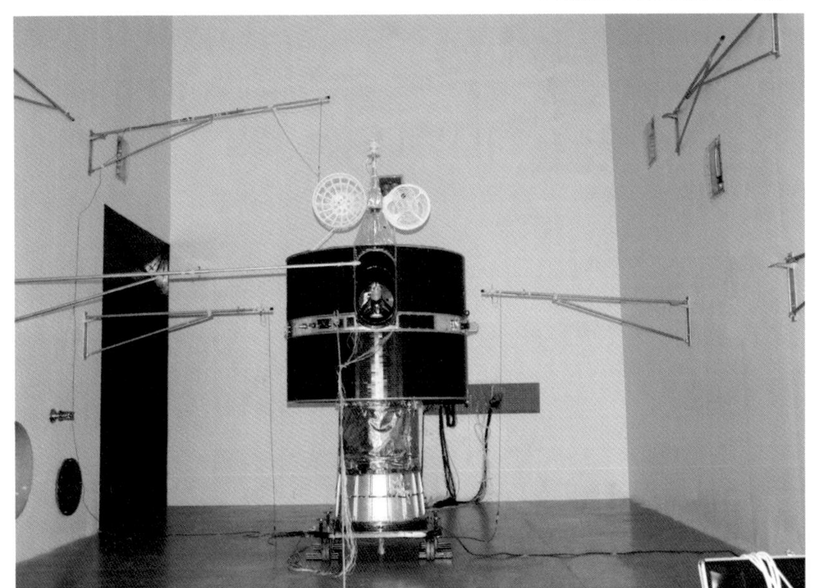

卫星产生巨大的损害甚至使卫星失效。因此，气象卫星的结构强度和相关的振动频率需要进行特殊设计和试验。通常，气象卫星在研制过程中需要开展振动、噪声、冲击等试验，检验卫星在振动、噪声和冲击等各种环境下的适应性，确保发射过程中气象卫星产品不会产生破坏性的共振现象，保证气象卫星产品的安全性。

▲ 风云三号卫星在振动台开展振动试验现场

5. 气象卫星真空热试验验证——“测冷暖，御冰火”

太空的“冷 + 黑”背景温度接近绝对零度（约 −273.15℃），而太阳表面的温度约为 5 500℃，就像烤箱一样烘烤着周边的物体。在太空中失去地球大气层的保护后，气象卫星在“冰”与“火”交替的极端环境下工作。通常，工程师会给气象卫星配备一些温度调节装置，确保卫星在“冰”与“火”交替的环境中维持合适的“体温”。

为了验证卫星在热状态下的稳定性、温度控制能力和产品可靠性，工程师需在地面开展真空热试验。通常情况下，工程师在地面人为地制造一个与太空环境类似的“冰火之地”（空间环境模拟装置），然后将卫星停放在其中进行试验验证。在空间环境模拟装置内，使用太阳模拟器、红外加热笼、红外灯阵、红外加热板、电加热器等模拟火辣辣的太阳光，在真空罐内壁喷涂黑漆，同时使用液氮(−200℃)冷却，来模拟空间中“冷 + 黑”的背景。气象卫星在空间环境模拟装置内，模拟测试在轨工作流程及状态，获取温度等性能参数来评估、验证热状态的正确性、温度控制能力和产品空间环境适应能力。

▲ 太阳模拟器在空间环境模拟装置内开机现场

▼ 风云四号卫星热试验现场

6. 气象卫星活动部件展开测试——“测锁定，微重力”

风云气象卫星在轨运行的最大包络尺寸可达 15m，而运载火箭的整流罩直径通常在 2~5m，在发射过程中为将卫星包络控制在火箭整流罩的范围内，故卫星设计有以太阳翼为代表的多种可展开结构。此外，星上各运动部件易产生不同频次的振动，影响光学敏感器等有效载荷的成像质量。为此，在光学有效载荷与卫星本体之间通常设计有减小振动的隔振器，以确保光学有效载荷在成像过程中始终处于稳定的状态。同时，为确保机构及隔振器在轨正常运行，需在卫星发射入轨后通过火工品解锁将机构及隔振器释放。

▼ 风云四号卫星开展太阳翼气浮展开测试现场

▼ 风云四号卫星磁强计气球悬挂展开测试现场

在气象卫星研制过程中，工程师通常通过气浮、重力卸载悬挂、气球悬挂等方式提供向上的托举力，与产品所受的重力相互抵消，以模拟在轨失重环境并开展各类测试。气浮方式是模拟太阳翼在轨失重状态的常用方法之一，同时该方式可有效降低展开过程中太阳翼与水平平台之间的摩擦阻力，从而更为精确地对太阳翼在轨展开过程进行物理模拟。

7. 气象卫星电磁兼容测试——“测干扰，保兼容”

气象卫星在轨工作的过程中，其射频天线需要向地面传输有效载荷遥感数据、星上状态工程监测数据，同时，其接收天线需要接收地面的遥控指令等数据信息。气象卫星在发射过程中，还需避免与运载火箭的

▼ 气象卫星产品在微波暗室开展电磁兼容试验现场

测控通信链路产生干扰。为保证气象卫星各设备单机、分系统及整星的电磁兼容满足要求，通常需开展设备单机、分系统、整星等不同层级的电磁兼容试验。

通过电场辐射发射测试、电场辐射敏感度测试、传导发射测试、传导敏感度测试等电磁兼容试验，可验证各层级产品电磁自兼容性，考核卫星接地、搭接、屏蔽设计的有效性，获取不同工况下产品的电磁场辐射发射数据，验证卫星电磁场辐射状态满足有效载荷、运载火箭等电磁兼容要求。气象卫星的电磁兼容测试通常在大型微波屏蔽暗室内进行。

3.3 气象卫星的发射

气象卫星研制完成后，被运往指定的卫星发射基地，在指定日期被送至设计好的太空轨道，通过各项功能测试和性能测试后，交付给气象业务部门使用，直至卫星的功能或性能指标不满足气象观测要求后退役。

3.3.1 卫星出厂运输

气象卫星在总装厂房完成各项总装、测试及验证工作后，将运送至卫星发射中心开展发射工作。从卫星研制地至卫星发射中心距离数千千米，卫星产品运输通常选择铁路、航空、公路等多种运输方式。运输方式的选择与卫星研制的年代、交通工具的运输能力相关。运输

▼ 风云四号卫星整星采用 AN-124 大型运输机运输

▲ 风云三号卫星采用铁路运输

过程需要严格保证振动、温湿度、洁净度等条件，避免卫星产品受到损害。我国风云四号卫星采用整星航空运输方式，风云三号卫星采用铁路运输方式。随着气象卫星功能和性能要求的提升和我国航天高密度的需求，现在均要求卫星进行整星运输，避免单机多次拆装。这样到达基地后可节省测试时间，实现快速发射。

▼ 风云四号 B 星运输后的开箱检查

3.3.2 发射场的工作

气象卫星运输至预定的卫星发射中心（极地轨道气象卫星的发射中心为太原卫星发射中心和酒泉卫星发射中心，地球静止轨道气象卫星的发射中心为西昌卫星发射中心）后，要开展一系列的发射前的测试和准备工作。

▼ 风云四号 B 星发射塔架合整流罩封闭前的状态检查

首先通过简要测试确认产品运输后的状态正常，然后完成卫星推进燃料的加注，随后与运载火箭开展对接安装工作。

卫星 / 整流罩组合体与运载火箭对接完成后，形成卫星和运载火箭组合体。航天工程师将对卫星、运载火箭和发射塔架设备等开展电磁兼容性测试，确认各产品协同工作状态正常。运载火箭燃料加注后，发射准备工作接近尾声，卫星将按照预定的发射时间进行发射。

▼ 风云三号卫星，整流罩组合体运输

▼ 风云三号卫星，整流罩组合体与运载火箭三级对接现场

▼ 风云三号 E 星在酒泉卫星发射中心

▼ 风云四号 B 星在西昌卫星发射中心

3.3.3 气象卫星发射

运载火箭使得人造卫星有足够的动力加速上升，并穿过厚厚的大气层到达太空预定轨道。运载火箭在点火后，其内部氧化剂和还原剂剧烈燃烧，产生的高温高压燃气从尾喷管迅速喷出，运载火箭不断被加速。运载火箭垂直飞行至一定高度，快速穿过高密度的大气层后，开始根据设定程序进行转弯，最终调节为水平方向飞行。卫星到达预定的高度后，大多数运载火箭的驱动力将用于增加飞行速度。当卫星的飞行速度达到某一特定值（第一宇宙速度 7.9km/s）时，卫星将持续围绕地球进行圆

▼ 气象卫星发射流程

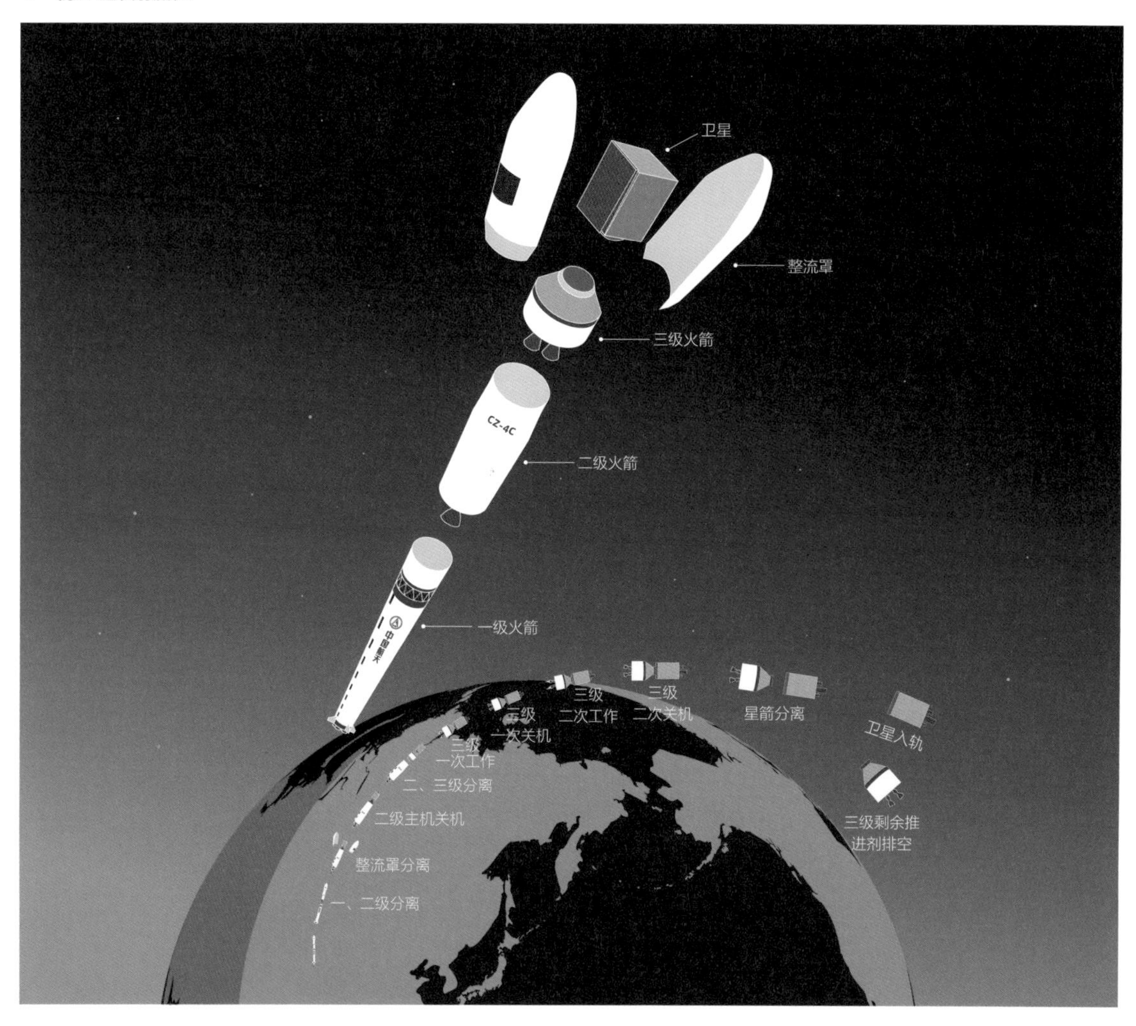

周飞行运动，人造卫星将不会坠落到地面上。

卫星飞行全过程大致分成 5 个阶段：发射前准备、运载主动段、状态建立、在轨测试、在轨运行。

① 发射前准备：从发射前 5h 至运载火箭点火结束。

② 运载主动段：从运载火箭点火起飞至星箭分离结束；运载主动段卫星不接收遥控指令，仅向地面发送状态遥测信息，地面跟踪系统通过遥测数据监视卫星状态。

③ 状态建立：从星箭分离开始到卫星建立正常工作模式，需用一个月左右的时间，该阶段的主要工作是，太阳帆板展开、卫星正常姿态建立、初始轨道调整、卫星平台各系统正常工作、有效载荷按照步骤开机等。

④ 在轨测试：按照预定流程和工作模式，对卫星进行不同工作状态的切换控制和性能测试。

▼ 风云三号卫星搭乘长征四号火箭在太原卫星发射中心发射升空

⑤ 在轨运行：从卫星在轨测试结束交付用户至卫星寿命结束。

气象卫星发射成功的标识是什么？点火后经过几十秒，运载火箭开始按预定程序缓慢向预定方向转变，100 多秒后，在 70km 左右高度，第一级火箭发动机关机分离；第二级火箭发动机紧随其后点火，继续

▼ 风云三号黎明星环绕地球运行

气象卫星小词典：气象卫星发射场的选择

我国目前有酒泉、太原、西昌、文昌四大卫星发射中心。气象卫星的发射场选择与卫星的轨道、火箭的运载能力和发射轨道密切相关。卫星的发射需要考虑位置因素，地球静止轨道气象卫星需要定点至赤道上空，如果可以在赤道上同时利用地球的自转发射是最节省燃料的。因此地球静止轨道气象卫星可选择文昌和西昌等更靠近赤道的发射中心发射，但由于历史原因，目前地球静止轨道气象卫星均选择在西昌卫星发射中心发射。下一代高轨道气象卫星可能选择在文昌卫星发射中心发射。卫星的发射同时要考虑安全因素，即火箭助推、一级和二级残骸应落至陆地无人区或海洋中。第二代极地轨道气象卫星前 4 颗选择在太原卫星发射中心发射，为了满足火箭二级残骸落点安全的要求（要求落点位于无人区），最新的极地轨道气象卫星将选择在酒泉卫星发射中心发射。

加速飞行；当运载火箭飞出稠密大气层（通常为海拔 100km 以上）后，按程序抛掉卫星的整流罩。在运载火箭达到预定速度和高度时，第二级火箭发动机关机分离，至此加速飞行段结束。随后，运载火箭靠已获得的能量，在地球引力作用下，开始惯性飞行段，飞到与预定轨道相切的位置。此时，第三级火箭发动机点火，开始最后加速段飞行，当加速到预定速度时，第三级火箭发动机关机，星箭分离，运载火箭发射卫星的使命就全部完成了。当卫星太阳帆板展开后，卫星获得了能源，自主在轨运行，此时发射指挥中心就可以宣布“发射任务取得圆满成功”。

极地轨道气象卫星轨道高度较低，运载火箭可以直接将卫星送至预定的轨道位置，卫星自身不用携带多余的用于变换轨道的燃料。

地球静止轨道气象卫星由于轨道高度较高，运载火箭受运载能力限制，无法将卫星直接送至定点位置，因此卫星需携带燃料进行多次变轨后，机动至预定工作位置。地球静止轨道气象卫星携带的燃料占到了卫星发射质量的五分之二。卫星与火箭分离后，先变轨至椭圆轨道，然后变轨至距离地面 36 000km 的圆形轨道，最后卫星漂移至预定的定点位置。我国第二代地球静止轨道气象卫星——风云四号卫星在星箭分离后，卫星使用携带的燃料经 5 次变轨后定点至赤道上空某一经度位置。

▼ 地球静止轨道气象卫星发射过程变轨平面

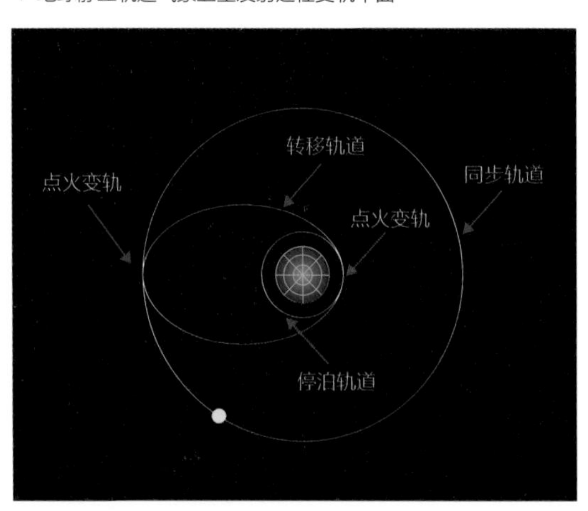

▼ 风云四号卫星在地球赤道上空定点运行

3.3.4 卫星在轨运行

地面应用系统作为风云气象卫星工程系统的一个重要组成部分，负责星地配合数据观测、卫星的日常运行管理、卫星状态监测，实现卫星数据的完整接收、实时处理与应用。卫星发射入轨，经过在轨测试后投入业务应用，卫星寿命到期后通过剩余燃料推离卫星轨道，然后进入“坟墓轨道”。

卫星在轨测试是指卫星发射入轨（地球静止轨道气象卫星为定点）建立正常工作状态后，按照飞行任务的要求，利用地面应用系统对卫星的功能和性能指标进行的测试。在轨测试包括发射初期测试、中期测试和离轨测试。发射初期测试是指卫星发射成功后，建立星地测控链路并实现对卫星的控制和安全管理，利用经过标定的地面设备、测试仪器和专门准备的测试软件对卫星的功能和性能指标进行的测试，是在轨运行和交付用户的重要依据。中期测试是指由于卫星工作状态和性能的变化

▼ 风云气象卫星地面接收站

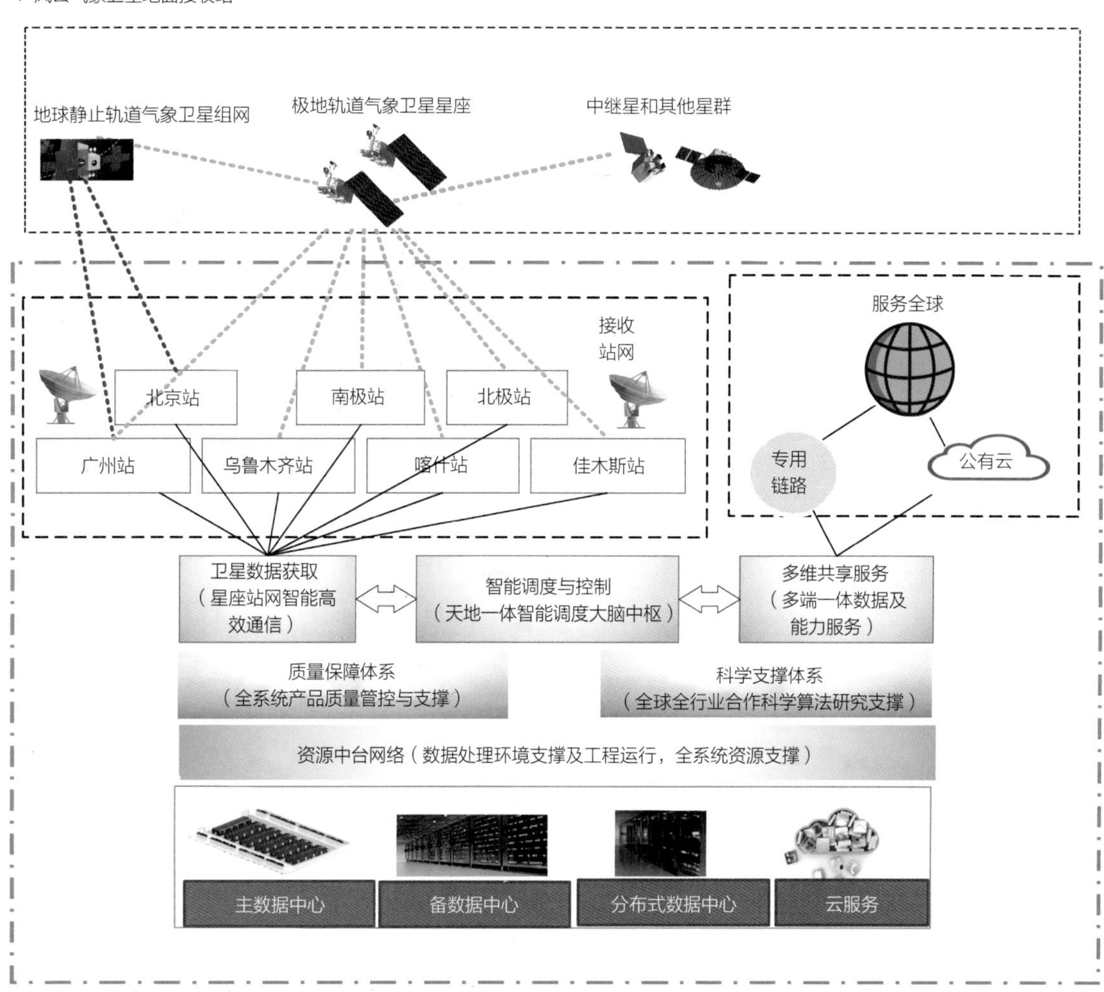

而进行的专项测试。离轨测试是指卫星到达设计寿命后，根据需求提供服务直到必须进行离轨处理，对卫星进行全覆盖测试。离轨测试对于后续卫星和有效载荷的研制具有重要的参考价值。

在轨测试结束后，风云气象卫星在轨管理和业务应用由地面应用系统负责。地面应用系统由建立在国内外的多个数据接收站、建立在国家卫星数据处理中心的数据处理和服务中心，以及一大批建立在区域中心及省地的用户利用站组成。目前，风云气象卫星已建立北京、广州、乌鲁木齐、喀什、佳木斯地面接收站，租用南极毛德皇后地和北极瑞典基律纳地面接收站，在国内率先建立了全球卫星数据接收网站，全球资料获取时效小于 2h。

3.3.5 气象卫星退役

气象卫星的退役管理与其他人造地球卫星基本一致，一般按卫星轨道高度的不同采用不同的退役管理方式。对于地球静止轨道气象卫星，由于轨位资源有限，会利用卫星上最后一点燃料抬高轨道，把它们送到轨道高度约 40 000km 的“坟墓轨道”。对于极地轨道气象卫星，由于卫星轨道高度为 600~1 200km，无法抬高至“坟墓轨道”，因此可设计主动轨道制动控制方法，降低轨道高度，使其最终跌落至大气层烧毁。

目前，地球静止轨道气象卫星均设计退役离轨措施，极地轨道气象卫星一般会关闭卫星各类仪器，仅维持长期的轨道跟踪和预报，对此类卫星编目管理。今后，极地轨道气象卫星也将携带一部分燃料用于卫星退役后的轨道降低，提高轨道资源的利用率，减少太空垃圾。

风云图谱

自1988年开始，已成功发射2代4型19颗风云气象卫星，目前在轨运行8颗

第一代极地轨道气象卫星
风云一号系列

第一代静止轨道气象卫星
风云二号系列

风云一号 A 星
1988-09-07 发射

风云一号 B 星
1990-09-03 发射

风云一号 C 星
1999-05-10 发射

风云一号 D 星
2002-05-15 发射

风云二号 A 星
1997-06-10 发射

风云二号 B 星
2000-06-25 发射

风云二号 C 星
2004-10-19 发射

风云二号 D 星
2006-12-08 发射

风云二号 E 星
2008-12-13 发射

风云二号 F 星
2012-01-13 发射

风云二号 G 星
2014-12-13 发射

风云二号 H 星
2018-06-05 发射

第二代极地轨道气象卫星
风云三号系列

第二代静止轨道气象卫星
风云四号系列

风云三号 A 星
2008-05-27 发射

风云三号 B 星
2010-11-05 发射

风云三号 C 星
2013-09-23 发射

风云三号 D 星
2017-11-15 发射

风云三号 E 星
2021-07-05 发射

风云四号 A 星
2016-12-11 发射

风云四号 B 星
2021-06-03 发射

第4章

CHAPTER 4

气象卫星的“前世今生”

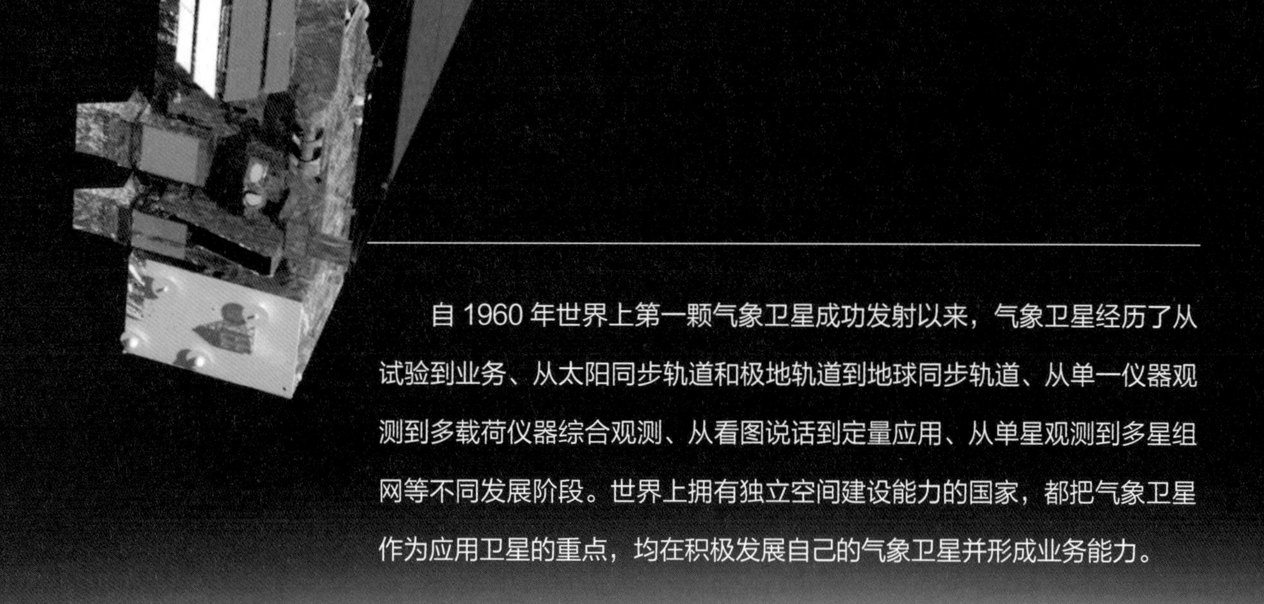

自1960年世界上第一颗气象卫星成功发射以来，气象卫星经历了从试验到业务、从太阳同步轨道和极地轨道到地球同步轨道、从单一仪器观测到多载荷仪器综合观测、从看图说话到定量应用、从单星观测到多星组网等不同发展阶段。世界上拥有独立空间建设能力的国家，都把气象卫星作为应用卫星的重点，均在积极发展自己的气象卫星并形成业务能力。

4.1 国外气象卫星的发展历程

中国、美国、俄罗斯、日本、韩国、印度、欧盟等国家和国家集团均发射了自己的气象卫星。

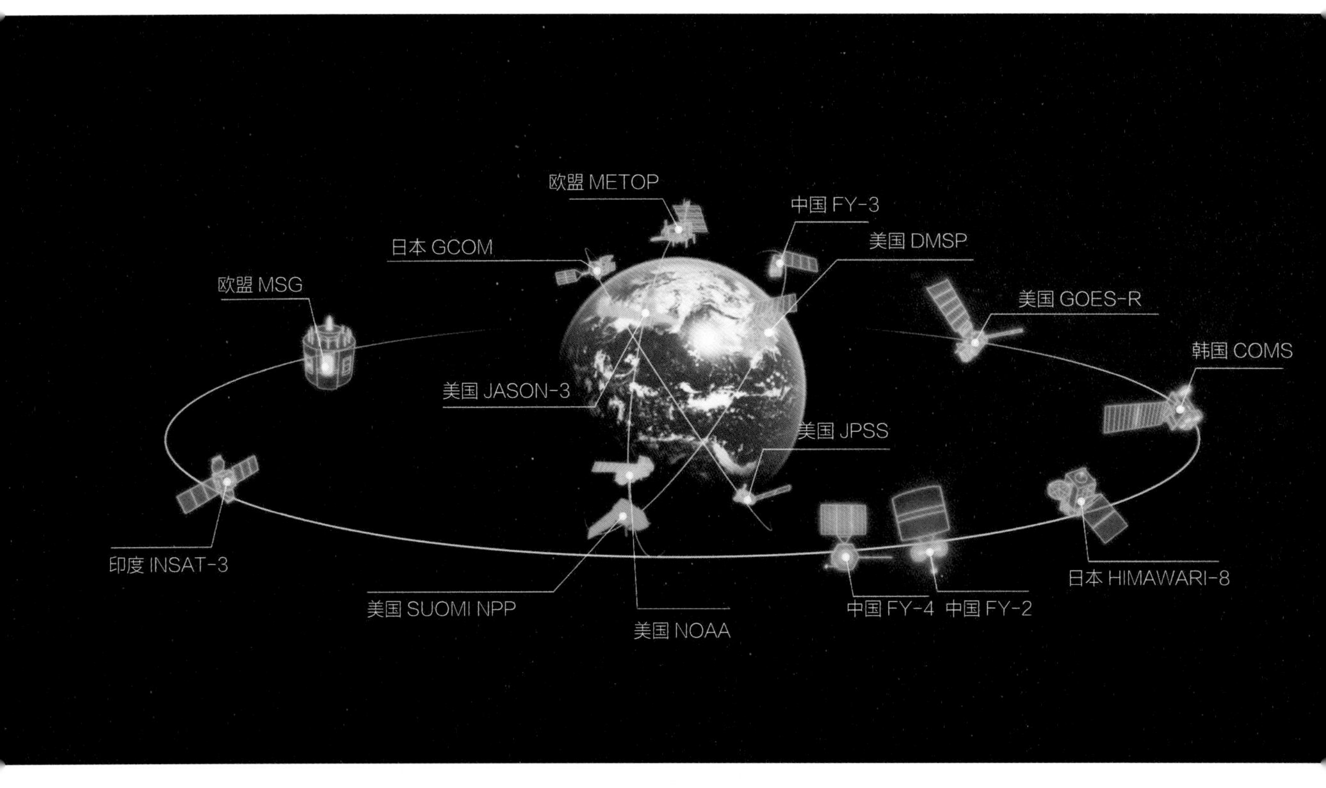

▲ 全球气象卫星示意

1958 年美国发射的人造卫星开始携带气象仪器，1960 年 4 月 1 日，美国首先发射了第一颗人造试验气象卫星，截至 2020 年年底，在 60 年的时间内，全世界共发射了 116 颗气象卫星，形成了全球性的气象卫星观测网，消灭了全球五分之四区域的气象观测空白区，使人们能准确地获知连续的、全球范围内的大气运动情况，做出更精确的气象预报，大大减少了气象灾害损失。

从全球范围看，目前，中国、美国、俄罗斯、印度、欧盟等国家和国家集团均具有自主研发高低轨气象卫星的能力。中国和美国已在近年（2016 年）实现了最新一代高轨和低轨气象卫星的研制和发射，欧盟的最新一代气象卫星仍处于研制过程中。日本和韩国近年发展了新一代高轨气象卫星，但是其核心有效载荷都是由美国提供的。

4.1.1 美国气象卫星发展

美国独立发展了地球静止轨道和极地轨道两个系列的气象卫星，其中地球静止轨道气象卫星发展了 3 代共 18 颗，最新一代地球静止轨道气象卫星是 GOES-R 系列，主要搭载光学成像载荷。极地轨道气象卫星发展了 5 代共 50 颗，分为军用、民用两类。自气象卫星发展之初，美国就独立发展了军用气象卫星 DMSP 系列和民用气象卫星 POES 系列。1994—2009 年，美国曾将军民气象卫星合并为 NPOESS 系列，但由于军民对卫星的使用要求和技术发展方向差异大，共建共管协调困难，从 2010 年起重新恢复军用、民用两个系列气象卫星独立发展。

▼ 美国气象卫星发展历程

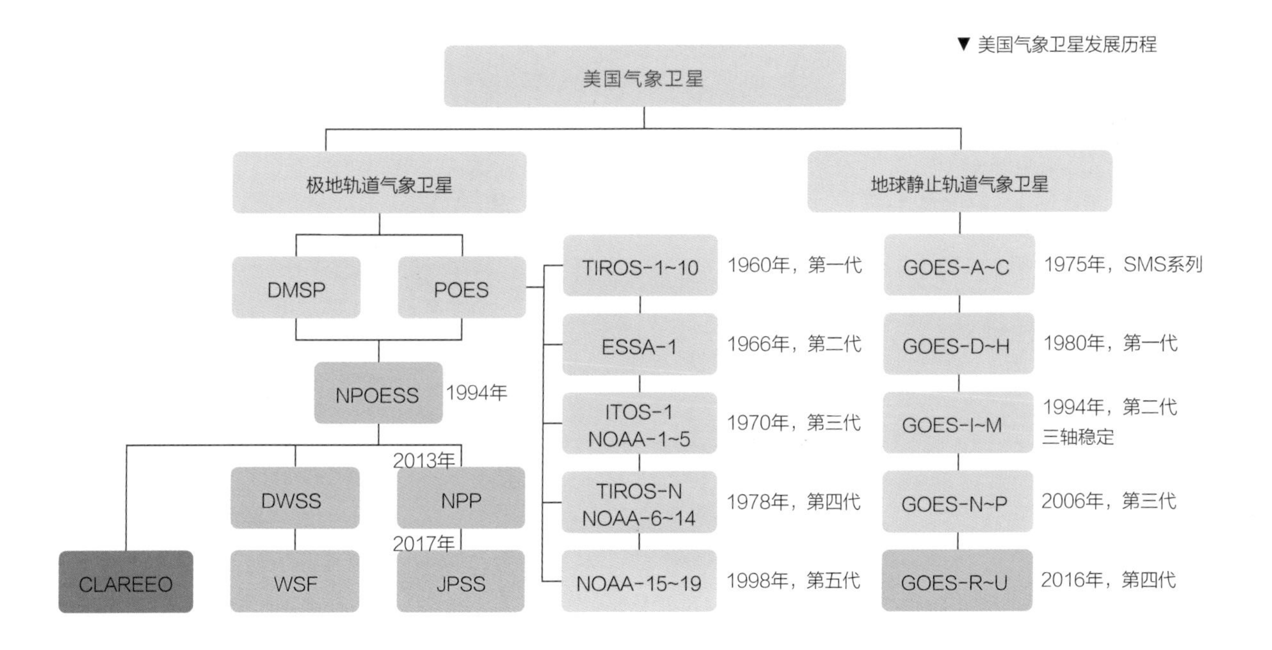

1. 极地轨道气象卫星

1960 年 4 月 1 日，美国发射了第 1 颗试验性气象卫星泰罗斯 -1（TIROS-1），成功地用摄像机拍摄了清晰的台风云图。1960 年至 1965 年，美国共发射了 10 颗 TIROS 卫星。1966 年，美国气象卫星系统“艾萨”（ESSA）投入业务运行服务，开始提供由光导照相系统获得的全球云图。自 1960 年至 1978 年，经过近 20 年的发展，历经“艾萨”“诺阿”（NOAA，又称改进型泰罗斯）和“泰罗斯-N/ 诺阿”（TIROS-N/NOAA）3 代的更新，美国气象卫星系统实现了昼夜云图的业务化，使气象卫星具备了连续监视天气系统生命史的能力，实现了卫星资料以高分辨率图像传输方式传给用户，使卫星应用从定性走向定量。1998 年 5 月 13 日 NOAA-K（NOAA-15）气象卫星的成功发射，标志着美国业务极地轨道气象卫星进入了第五代，第五代气象卫星由 NOAA-K、NOAA-L、NOAA-M、NOAA-N、NOAA-N' 共 5 颗卫星组成。

最新一代“联合极轨卫星系统”（JPSS）由美国国家海洋和大气管理局与美国国家航空航天局共同负责，JPSS 项目包括 1 颗试验卫星和 4 颗气象卫星。试验卫星 Suomi NPP（National Polar-orbiting Partnership）于 2011 年发射，卫星上搭载 5 种有效载荷：可见光红

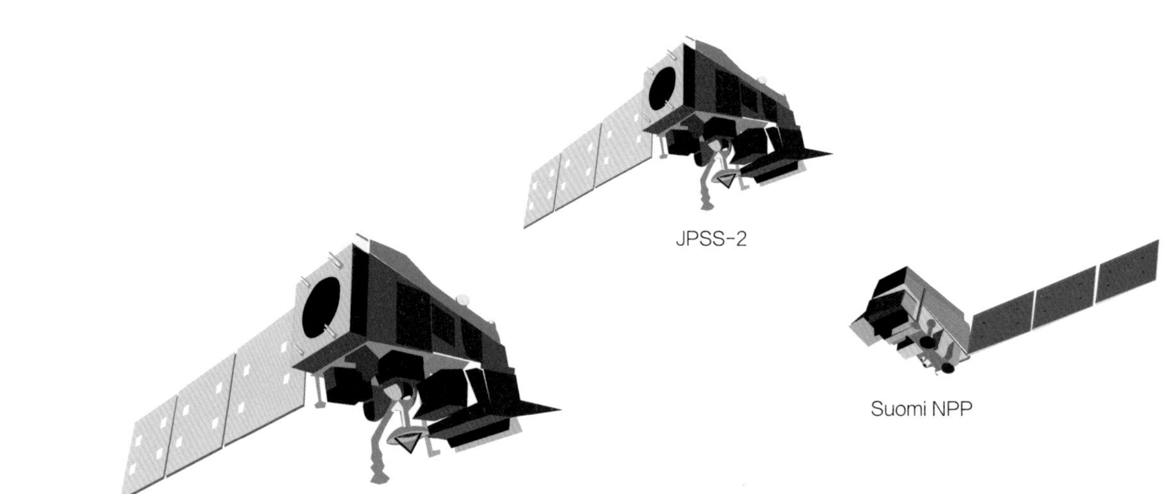

▲ JPSS 项目示意

外成像辐射仪（VIIRS）、交叉跟踪红外探测仪（CrIS）、先进技术微波探测仪（ATMS）、臭氧监测和廓线装置（OMPS）、云与地球辐射能量系统（CERES）。Suomi NPP 星载仪器获取气象数据的速度几乎是以前的 3 倍。JPSS-1 卫星与 SNPP 卫星相同，已于 2017 年发射。此后，美国 2022 年发射了 JPSS-2 卫星，计划 2026 年发射 JPSS-3 卫星、2031 年发射 JPSS-4 卫星。

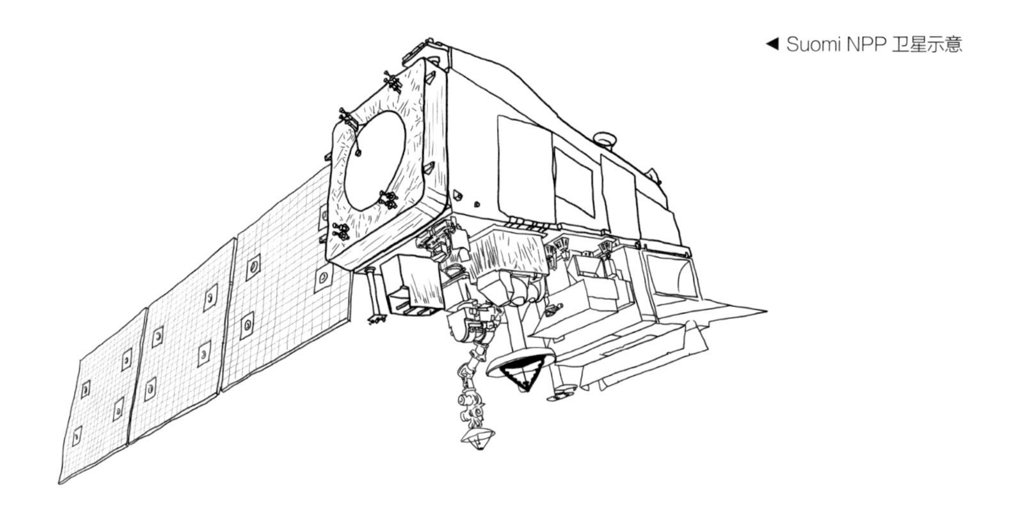

◀ Suomi NPP 卫星示意

▼ NPP 卫星主要参数

项目名称	NPP
发射时间	2011 年 10 月 28 日
设计寿命	7 年（5 年考核）
质量	2 200kg
遥感仪器	可见光红外成像辐射仪（Visible/Infrared Imager and Radiometer Suite，VIIRS）； 交叉跟踪红外探测仪（Cross-Track Infrared Sounder，CrIS）； 先进技术微波探测仪（Advanced Technology Microwave Sounder，ATMS）； 臭氧监测和廓线装置（Ozone Mapping and Profiler Suite，OMPS）； 云与地球辐射能量系统（Clouds and the Earth's Radiant Energy System，CERES）

2. 地球静止轨道气象卫星

美国在发展极地轨道气象卫星的同时，也积极发展地球静止轨道气象卫星，从 1975 年 10 月 17 日发射第一颗地球静止轨道气象环境卫星 -A（GOES-A）到现在的 GOES-R 已经历 4 代。第一代 GOES-A ~ H 卫星为自旋稳定卫星；第二代 GOES-I ~ M 卫星采用三轴姿态稳定方式，主要探测仪器为 5 波段成像仪和 19 通道垂直探测仪；第三代 GOES-N ~ P 卫星增加了太阳 X 射线成像仪（SXI），以监视太阳活动；最新一代地球静止轨道气象卫星 GOES-R 已于 2016 年发射。GOES 卫星采用双星运行机制，其中一颗配置在 75° W，而另一颗配置在 135° W(因此也分别被称为 GOES-East 和 GOES-West)。覆盖范围为 20° W ~ 165° E。一颗卫星负责监测北美洲、南美洲和大西洋的大部分地区，而另一颗则负责监测北美洲和太平洋地区。GOES 卫星的主要用途是进行灾害性天气(如洪涝、风暴、雷暴和飓风等)的短期警报及雾、降水、雪覆盖和冰覆盖运动的监测。

GOES-R 系列包括 R、S、T、U 共 4 颗卫星，技术状态完全一致，组批生产。其中 GOES-R 卫星于 2016 年 11 月发射，GOES-S 卫星于 2018 年 3 月发射，分别定点于 75° W 和 135° W。GOES-T 卫星于 2022 年 3 月 1 日发射，替换在轨的 GOES-S 卫星（制冷器故障），用于观测太平洋上空的天气。GOES-U 卫星计划于 2024 年发射。GOES 卫星计划将持续运行到 2036 年。GOES-R 系列卫星以先进的成像技术，提高了空间分辨率和时间分辨率，可以进行更准确的预报，并改进了对太阳活动和空间天气的监测方式，增强了对直接影响公共安全、财产保护及经济健康的天气现象的监测能力。

▼ GOES-R 卫星示意

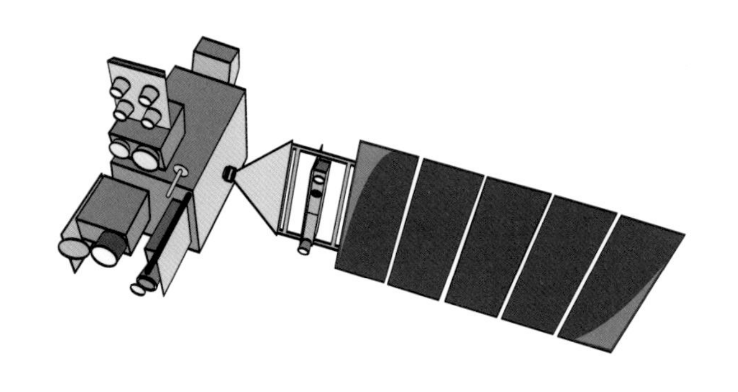

GOES-R 系列的首颗卫星的设计寿命为 15 年，包括 10 年在轨运行和 5 年在轨备份，搭载的先进基线成像

项目名称	GOES-R 系列
发射时间	2016 年
设计寿命	15 年
质量	3 108kg
遥感仪器	先进基线成像仪（Advanced Baseline Imager，ABI）； 地球静止轨道闪电成像仪 (Geostationary Lightning Mapper，GLM)； 太阳极紫外成像仪 (Solar Ultraviolet Imager，SUVI)； 空间环境监测包 (Space Environment In Situ Suite，SEISS)； 太阳 X 射线 – 极紫外成像仪（Extreme Ultraviolet and X-Ray Irradiance Sensor，EXIS）

仪是卫星的主要载荷，有 16 个探测通道，包括 2 个可见光通道、4 个近红外通道和 10 个红外通道，可见光空间分辨率为 0.5km，红外空间分辨率为 1 ~ 2km。成像仪具有多种扫描模式，地球全盘扫描时间为 5 ~ 15min，美国本土（3 000km × 5 000km）扫描时间达到 5min，中尺度区域（1 000km × 1 000km）扫描时间达到 30s。

4.1.2 欧盟气象卫星发展

欧盟新一代地球静止轨道气象卫星为 MTG 系列（MTG-I&S），极地轨道气象卫星为 METOP（上午星），METOP 与美国 JPSS 系列（下午星）采用双边全球资料业务交换和共享协作模式组网观测，同时，还发展了哨兵（Sentinel）系列卫星，用于提高针对风、云、气溶胶等大气廓线的探测能力。

▼ 欧盟气象卫星发展历程

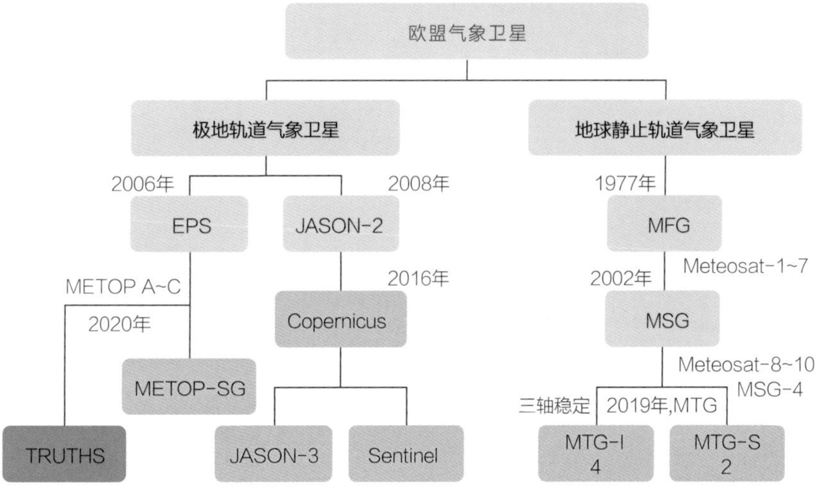

欧盟气象卫星
极地轨道气象卫星
地球静止轨道气象卫星
2006年
2008年
1977年
EPS
JASON-2
MFG
METOP A~C
2016年
2002年
Meteosat-1~7
2020年
Copernicus
MSG
Meteosat-8~10
MSG-4
METOP-SG
三轴稳定
2019年,MTG
TRUTHS
JASON-3
Sentinel
MTG-I
4
MTG-S
2

1. 极地轨道气象卫星

1998年，欧洲气象卫星组织（EUMETSAT）和欧洲航天局（ESA，简称欧空局）决定发展名为气象业务卫星（METOP）的极地轨道气象卫星系列，与美国NOAA气象卫星系列一起组成双星运行的美欧联合全球气象卫星观测系统。欧洲负责上午轨道卫星，美国则负责下午轨道卫星。METOP将为用户提供14年以上的气象资料。目前，欧洲发射了3颗METOP系列卫星，第一颗卫星METOP-1已于2006年10月19日发射，第二颗卫星METOP-2和第三颗卫星METOP-3分别于2010年和2015年发射。

▼ 欧盟METOP-SG上午星、下午星组网观测示意

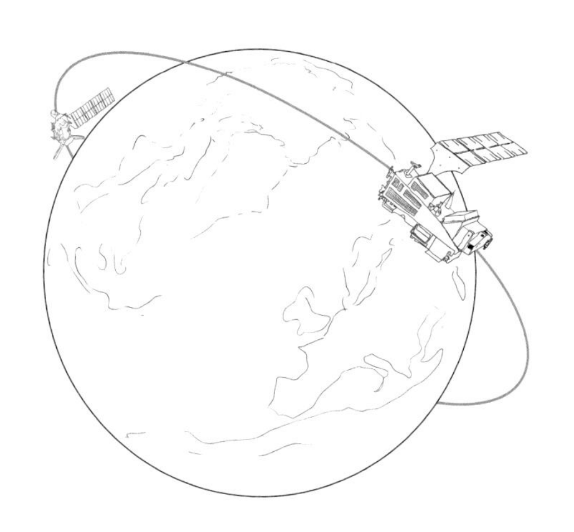

欧洲第二代极地轨道气象卫星（METOP－SG）计划分A/B双星配对运行方式，METOP－SG A/B载荷配置不同，分别由欧洲航天局和欧洲气象卫星组织研制。

项目名称	METOP-SG-A	METOP-SG-B
计划发射时间	2024年	2026年
设计寿命	7.5年（期望9.5年）	
质量	4 017kg	3 818kg
遥感仪器	微波探测仪（Microwave Sounder，MWS）； 下一代红外高光谱大气探测仪（Infrared Atmospheric Sounder Interferometer-Next Generation，IASI-NG）； 多角度多通道多偏振成像仪（Multi-view Multi-channel Multi-polarization Imager，3MI）； 掩星探测仪（Radio Occultation，RO）； 气象成像仪（Meteorological Imager，METimage）； 紫外、可见光、近红外高光谱探测仪（Ultraviolet，Visible Near-infrared Spectrophotometer，UVNS）	微波成像仪（Microwave Imager，MWI）； 散射计（Scatterometer，SCA）； 冰云成像仪（Ice Cloud Imager，ICI）； 掩星探测仪（Radio Occultation，RO）； 先进的数据收集系统（Advanced Data Collection System，ADCS-4）

2. 地球静止轨道气象卫星

欧洲气象卫星组织自 1977 年 11 月发射了第一颗地球静止轨道气象卫星（Meteosat）后，从 2002 年 8 月起又陆续发射 4 颗第二代 MSG（Meteosat Second Generation）卫星。MSG 卫星仍是自旋稳定的卫星，设计寿命为 7 年，有效载荷为 12 波段成像仪（SEVIRI），同时具备准垂直探测功能。可见光空间分辨率为 1km，红外空间分辨率为 3km，比第一代气象卫星有了较大提高，成像时间由第一代的 30min 缩短为 15min。

第三代地球静止轨道气象卫星 MTG 系列自 2001 年开始研制，被誉为欧洲有史以来最为复杂的卫星系统。该气象卫星采用三轴稳定方案，将以成像星 MTG-I（多通道灵活成像仪 FCI+ 闪电成像仪 LI）和探测星 MTG-S（红外探测仪 IRS）双星运行，各自搭载不同的探测仪器。MTG 系列卫星设计寿命为 8.5 年。MTG-I 与 MTG-S 的首发星分别计划于 2022 年、2024 年发射。

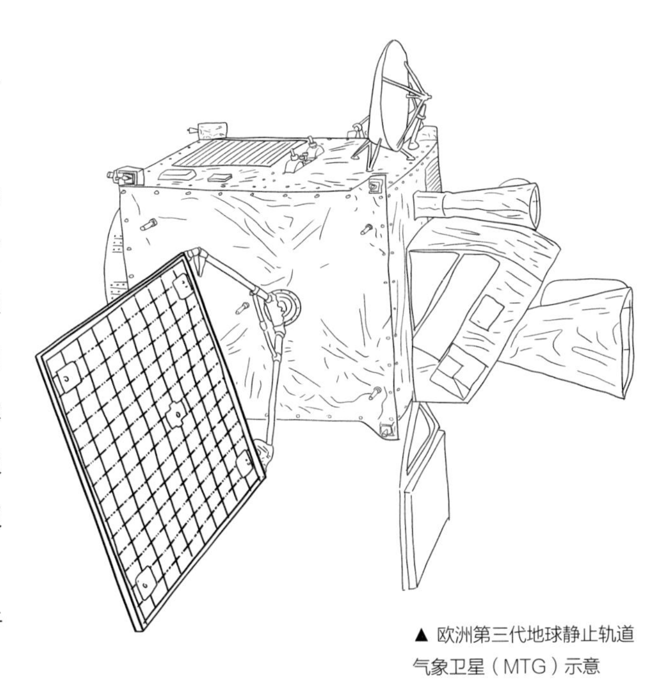

▲ 欧洲第三代地球静止轨道气象卫星（MTG）示意

项目名称	MTG-I	MTG-S
计划发射时间	2022 年	2024 年
设计寿命	8.5 年	8.5 年
质量	3 400kg	3 600kg
遥感仪器	多通道灵活成像仪（Flexible Combined Imager，FCI）； 闪电成像仪（Lightning Imager，LI）	红外探测仪（Infrared Sounder，IRS）； 紫外、可见光、近红外大气成分探测仪（Ultraviolet Visible and Near Infrared Sounder，UVNS）

4.2 国内气象卫星的发展历程

1969 年 1 月，由于强冷空气侵袭，长江、黄河流域出现了严重的冰凌灾害，造成我国大范围通信、交通中断，美国气象卫星监测到了这一灾害天气。1969 年 1 月 29 日，周恩来总理在接见中央气象局（中国气象局原名）等单位的代表时指示，一定要采取措施，改变落后面貌，应该搞我们自己的气象卫星。从此拉开了中国气象卫星研制的序幕。

风云气象卫星的发展是我国改革开放、科技发展的一个缩影。通过 50 多年来航天人和气象人坚持不懈的奋斗和自主创新，气象卫星已成为现代气象业务和国民经济建设中必不可少的科技支撑。风云气象卫星观测资料为气象、海洋、农业、林业、水利、航空、航海和环境保护等领域提供了大量的公益性、专业性和决策性服务，产生了巨大的社会效益和经济效益。如今，风云气象卫星已成为我国民用遥感卫星效益发挥最好、应用范围最广的卫星之一。

▼ 中国气象卫星的发展历程

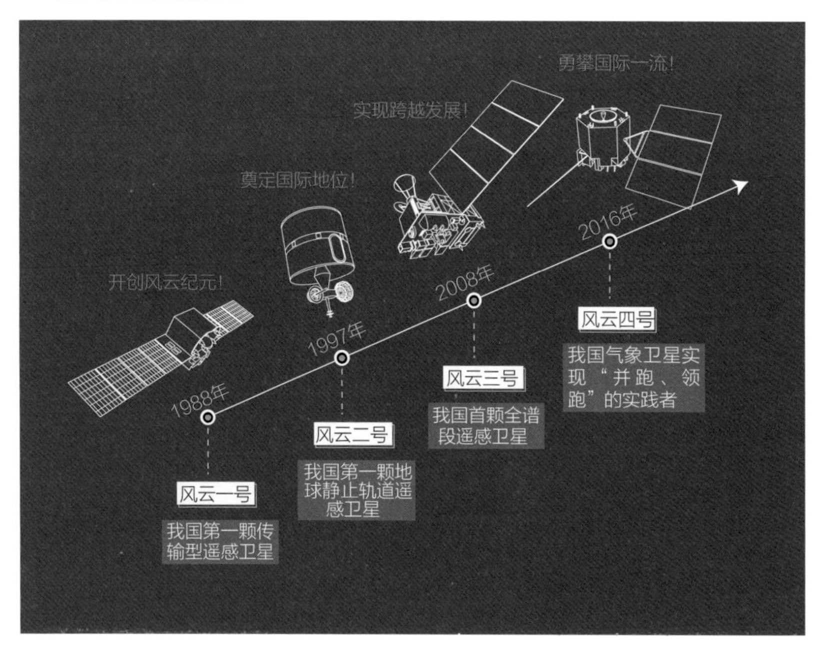

我国从 20 世纪 70 年代开始研制气象卫星，至今已经发展到第二代。其中风云一号卫星为中国第一代极地轨道气象卫星，风云二号卫星为中国第一代地球静止轨道气象卫星，风云三号卫星和风云四号卫星分别为中国第二代极地轨道气象卫星和地球静止轨道气象卫星。

我国自 1988 年 9 月 7 日发射第一颗气象卫星——风云一号极地轨道气象卫星以来，经过 30 多年的发展，已成功发射“2 代 4 型”极地轨道和地球静止轨道共 19 颗气象卫星，截至 2021 年 10 月，共有 8 颗气象卫星在轨稳定运行。极地轨道气象卫星和地球静止轨道气象卫星组成了中国气象卫星监测系统，实现了组网观测业务化。中国成为继美、欧之后世界上同时拥有两种轨道气象卫星的国家，是世界气象组织天基综合对地观测网的重要支柱。

目前超过 2700 个国内用户及 120 多个国家和地区接收与利用风云气象卫星资料。风云气象卫星被世界气象组织列入国际气象卫星序列，是全球气象观测的主力卫星。

我国气象卫星从无到有、从弱到强，实现了从跟跑国外卫星到并跑再到部分领跑的跨越，现已具备高低轨组网的全球观测能力，且综合性能达世界先进水平。

气象卫星小词典：我国气象卫星的命名

经过几十年的发展，我国成功发射 4 颗风云一号卫星、 8 颗风云二号卫星、5 颗风云三号卫星和 2 颗风云四号卫星，其中风云气象卫星单数编号的为极地轨道气象卫星，双数编号的为地球静止轨道气象卫星。

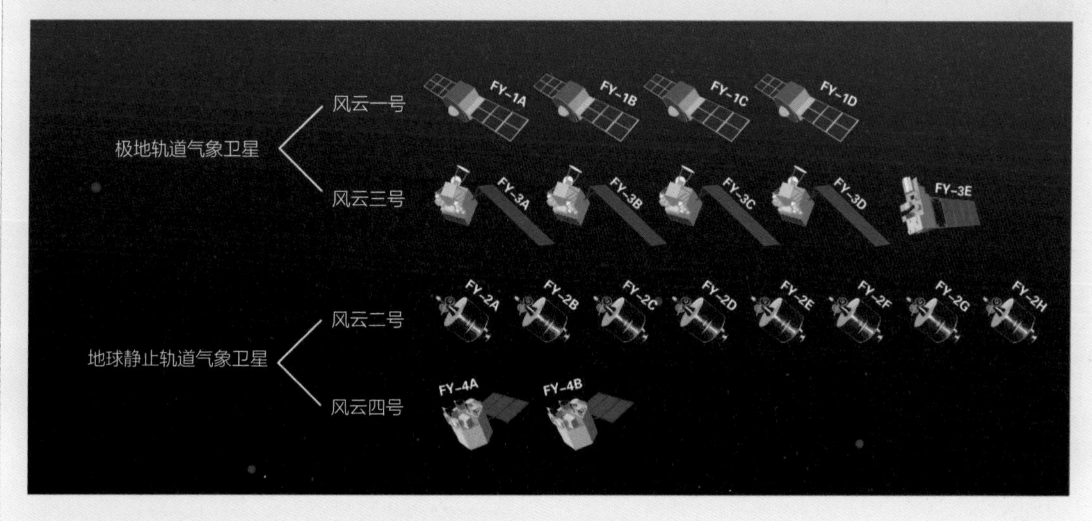

4.2.1 第一代极地轨道气象卫星

风云一号A星参数

		轨道倾角	99°	卫星质量	750kg
轨道类型	极地轨道	轨道周期	102.86min	星体尺寸（长×宽×高）	
轨道高度	901km	轨道回归周期	10.61天	1.4m×1.4m×1.2m	

风云一号卫星发射历程

气象卫星	发射日期	在轨运行时间
风云一号A星（FY-1A）	1988年9月7日	39天
风云一号B星（FY-1B）	1990年9月3日	285天
风云一号C星（FY-1C）	1999年5月10日	5年零1个月
风云一号D星（FY-1D）	2002年5月15日	10年

1970 年我国决定发展第一代极地轨道气象卫星，卫星研制任务由刚刚组建的上海航天基地承担。1977 年，国家气象卫星方案论证会在上海召开，从此中国气象卫星的新纪元开启了。我国第一代气象卫星的研制可谓白手起家，经过 10 多年的攻关，1988 年风云一号 A 星成功发射。

风云一号 A 星是一颗高 1.2m，长、宽各为 1.4m 的长方体，左右两块太阳电池翼被打开以后，其跨度为 8.6m。卫星重 750kg，在 901km 高的太阳同步轨道上运行。卫星携带多光谱可见光红外扫描辐射仪，它有 5 个通道，用于获取昼夜可见光、红外云图、冰雪覆盖、植被、海洋水色、海面温度等，性能与当时的美国第三代极地轨道气象卫星相当。

风云一号 A 星入轨运行不久，发现仪器散发出的水汽对红外探测器产生污染，性能指标下降。该卫星升空 39 天后便发生了意外，卫星遭遇强烈的太阳活动，星上计算机被太阳高能粒子击中发生翻转，传回的图像发生扭曲，卫星姿态沿飞行方向严重偏转；地面控制中心无法控制卫星姿态，风云一号 A 星最后彻底失控，消失在茫茫太空之中。

风云一号 B 星于 1990 年 9 月 3 日用长征四号火箭发射升空，采取了污染防护设计和防护措施，卫星在轨图像质量良好，超过预期。姿态控制系统相比于风云一号 A 星有明显改善，但系统的可靠性设计存在缺陷，在轨正常运行 165 天后，星载计算机突发故障造成卫星姿态失控，经过连续 75 天的抢救后恢复正常工作。但是星载计算机受到空间环境的影响，工作不稳定，卫星断续工作至 1991 年 11 月，在轨累计正常运行 285 天。

风云一号 A 星和风云一号 B 星让我国航天工作者第一次认识到光学遥感仪器污染、在轨空间环境影响及系统可靠性等一系列前所未有的困难。风云一号 C 星汲取经验教训，经过了一系列改进，卫星探测性能、空间环境适应性和系统可靠性都大幅提高。风云一号 C 星于 1999 年 5 月 10 日发射，设计寿命 2 年，在轨稳定运行并超期服役至 2004 年 6 月，开启了中国气象卫星长寿命、高可靠、连续稳定业务化运行的新纪元。风云一号 D 星于 2002 年发射，在轨稳定运行 10 年。

▲ 风云一号 C 星被铭刻于中华世纪坛

风云一号 C 星凭借其优越的性能和稳定性，荣获 2001 年国家科学技术进步一等奖；被列为 20 世纪末中国三大事件之一，铭刻在中华世纪坛上。2000 年 8 月，世界气象组织将风云一号 C 星纳入全球应用气象卫星序列，成为全球综合对地观测系统（GEOSS）的重要成员。风云一号 C 星与欧美国家的气象卫星一起，形成了对地球大气、海洋和地表环境的全天候、立体、连续观测的卫星观测网，大大增强了人类对地球系统的综合观测能力。

相比于国外，我国气象卫星事业起步较晚，为尽快追赶国际气象卫星观测先进水平，我国航天工作者和气象工作者共同努力，提出了气象卫星研制“小步快跑”的发展理念。具体来讲，就是摒弃国外同一代卫星状态完全一致的理念，让我国的同一代卫星中每颗卫星相比前一颗卫星都进行性能提升，用一代 4 颗星的发展追赶欧美极地轨道 5 代卫星的发展成果。风云一号 C 星及 D 星性能指标相比 A 星及 B 星大幅提升，遥感仪器观测波段由 5 波段提高至 10 波段，波段数增加了一倍；卫星寿命要求由 1 年提高至 2 年，性能指标全面达到当时的国际先进水平。

面对成绩，我国的航天人和气象人的目光并没有停留于此。随着我国经济社会的快速发展，风云一号卫星上装载的遥感仪器已无法满足气象现代化的需求，于是发展我国第二代极地轨道气象卫星的议案又摆在大家面前。“装备一代、研制一代”，在研制风云一号卫星的同时，第二代极地轨道气象卫星论证开启了。

4.2.2 第一代地球静止轨道气象卫星

奠定国际地位！

- 我国第一颗地球静止轨道气象卫星
- 我国首次实现对中国区域实时、连续监测
- 建立了高低轨组网的观测系统
- 形成了稳定的业务运行系统

风云二号A星参数

轨道类型	地球静止轨道	星下点经度	105°E	卫星质量	1 200kg
轨道高度	35 786km	稳定方式	自旋稳定	功率	280W

风云二号卫星发射历程

气象卫星	发射日期	在轨运行时间
风云二号A星（FY-2A）	1997年6月10日	10个月
风云二号B星（FY-2B）	2000年6月25日	12个月
风云二号C星（FY-2C）	2004年10月19日	5年零1个月
风云二号D星（FY-2D）	2006年12月8日	8年零6个月
风云二号E星（FY-2E）	2008年12月23日	10年零1个月
风云二号F星（FY-2F）	2012年1月13日	在轨运行
风云二号G星（FY-2G）	2014年12月31日	在轨运行
风云二号H星（FY-2H）	2018年6月5日	在轨运行

我国第一颗地球静止轨道气象卫星风云二号A星于1997年6月10日发射成功，至今已成功发射了8颗风云二号卫星。

风云二号卫星首次实现了“多星在轨、统筹运行、互为备份、适时加密”运行模式。双星联合由单星的30min获取一幅地球全圆盘图像缩短到15min，每6min进行一次中国区域观测，提高了使用效率，有力提升了对中国全境的气象综合监测能力，为我国和世界气候监测及天气预报提供了实时动态资料。

风云二号卫星装载的主要有效载荷——多通道扫描辐射计是一台光学遥感仪器。它利用卫星自西向东的自旋运动和辐射计望远镜自北向南的步进，实现对地球的二维观测，具有可见光、红外和水汽等5个波段，可同时对地球大气现象和快速变化情况进行实时、连续的观测和监视，每天获取28幅20°×20°范围的地球全景圆盘图；在（汛期）加密观测下，每天可以获取云图48时次（全景圆盘图28幅、北半球图20幅）；可按灵活机动业务需求以5～6min/幅频次扫描我国及周边区域云图。

▼ 风云二号卫星多通道扫描辐射计

风云二号卫星在全球气象卫星观测网中占有重要的位置。过去，对整个东亚，特别是对印度洋、青藏高原区域的卫星观测是很薄弱的。风云二号卫星定位于105°E，其位置决定了它是整个地球观测系统中不可或缺的一部分，它获得的观测资料对国际的气象界乃至地球科学界都有贡献。在世界气象组织的空间计划中，风云二号卫星被列为骨干气象卫星，承担全球天气和气候观测的义务。

风云二号卫星的业务化应用，为气象、海洋、农业、林业、水利、航空、航海、环保等领域提供了大量的公益性和专业性服务，已被世界气象卫星组织纳入国际业务应用气象卫星序列，成为全球天基综合观测系统的重要组成部分，可为世界各国用户提供服务。

1997 年 6 月我国成功发射第一颗地球静止轨道气象卫星后，2004 年 10 月 19 日和 2006 年 12 月 8 日，我国又分别成功发射了风云二号 C 星和 D 星，首次实现了“双星运行、互为备份”，实现了地球静止轨道气象卫星的业务化运行。其中，风云二号 C 星及地面应用系统还荣获 2007 年度国家科技进步一等奖。

风云一号卫星和风云二号卫星的发射成功，结束了我国气象预报卫星数据长期依赖国外卫星的历史。从此，我国成为同时拥有极地轨道和地球静止轨道两个系列气象卫星的国家。

4.2.3 第二代极地轨道气象卫星

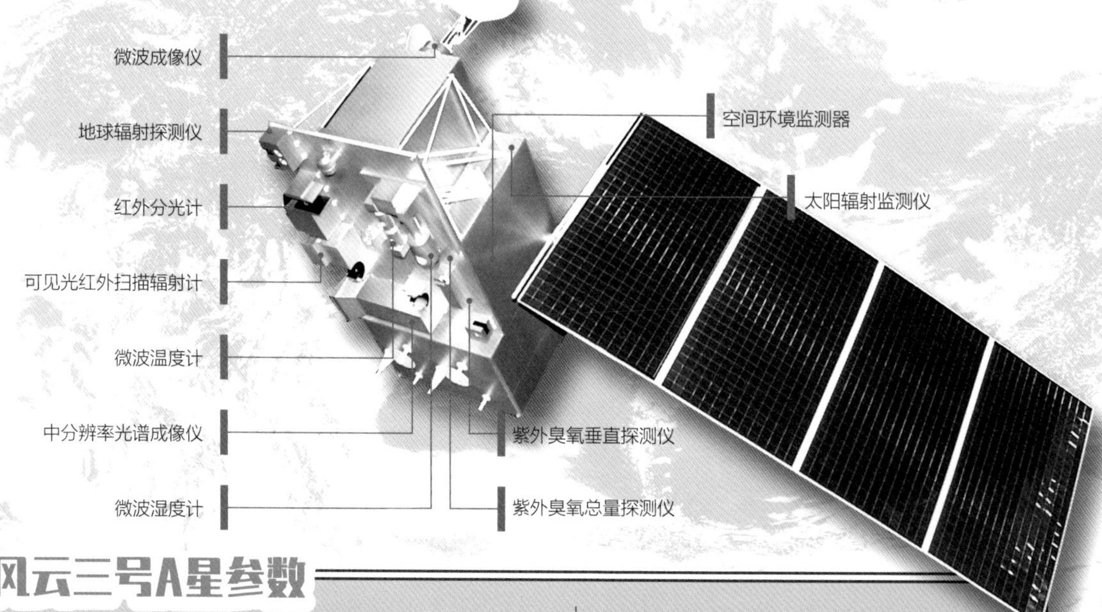

风云三号A星参数

轨道类型	极地轨道	轨道倾角	98.75°	卫星质量	2 298.5kg
轨道高度	836km	轨道周期	101.5min	在轨飞行尺寸	4.46m × 10m × 3.79m
		轨道回归周期	5.5天		

风云三号卫星发射历程

气象卫星	发射日期	在轨运行时间
风云三号 A 星（FY-3A）	2008 年 5 月 27 日	9 年零 9 个月
风云三号 B 星（FY-3B）	2010 年 11 月 5 日	9 年零 7 个月
风云三号 C 星（FY-3C）	2013 年 9 月 23 日	在轨运行
风云三号 D 星（FY-3D）	2017 年 11 月 15 日	在轨运行
风云三号 E 星（FY-3E）	2021 年 7 月 5 日	在轨运行

2000 年 9 月，国家批准风云三号卫星立项。经过长达 8 年的研制，中国第一颗第二代极地轨道气象卫星风云三号 A 星于 2008 年 5 月 27 日成功发射，风云三号 B 星也于 2010 年 11 月 5 日成功发射，风云三号 A、B 两颗试验星的成功发射和运行标志着中国第二代气象卫星全面进入业务运行阶段，风云三号卫星完全接替了风云一号卫星的对地气象观测任务。此后我国分别于 2013 年 9 月、2017 年 11 月、2021 年 7 月发射了风云三号的 C 星、D 星、E 星。

风云三号 A 星的质量为 2 298.5kg，采用三轴稳定姿态控制方式，搭载有可见光红外扫描辐射计、红外分光计、微波温度计、微波湿度计、中分辨率光谱成像仪、微波成像仪、紫外臭氧总量探测仪、紫外臭氧垂直探测仪、地球辐射探测仪、太阳辐射监测器和空间环境监测器共 11 台有效载荷，有 90 多种探测通道，可以不分白天黑夜，对任何气象环境进行探测。每天可对全球扫描 2 次，每次扫描幅宽为 2 900km。卫星上携带的垂直探测仪，可以对地表以上 30km 范围内的大气进行立体观测，大大增强了气象预报的精细水平和准确率。

▼ 风云三号 A 星创造的诸多第一

先进水平	具体表现
星载有效载荷数量第一	采用新型卫星平台，装载着 11 台高性能的有效载荷探测仪器，是国内卫星有效载荷数量最多的
单机活动部件数量第一	20 台单机有活动部件 35 个，是国内卫星活动部件最多的
气象卫星观测功能第一	遥感仪器观测波段从真空紫外线、紫外线、可见光、红外线一直到微波频段样样齐全，既有光学遥感，又有微波遥感，能实现全天候、全天时、多光谱、三维、定量探测，与欧美新一代气象卫星处于同一发展水平

全球首颗民用晨昏轨道气象卫星风云三号 E 星（也称黎明星）于 2021 年 7 月 5 日发射，运行在 830km 太阳同步晨昏轨道上空，迎着黎明为全球提供气象观测数据。它的发射填补了我国晨昏轨道气象卫星

▲ 风云三号 E 星，全球首颗民用晨昏轨道气象卫星，可以实现对全球海洋风场、全球不同高度层的温度与湿度分布情况的观测

技术空白，与风云三号 C 星、D 星实现“上午轨道、下午轨道和晨昏轨道”三星组网观测。风云三号 E 星搭载的风场测量雷达实现了全球海面风场探测；携带的太阳观测仪器，实现了对空间天气扰动的源头——太阳的成像观测。

风云三号极地轨道气象卫星的技术指标达到了欧美最新一代气象卫星水平，实现了从二维遥感成像到三维综合大气探测，从单一光学探测到全波段宽波谱探测，从千米级观测提高到百米级观测，从国内组网接收到全球组网接收的多项跨越。风云三号卫星在监测大范围自然灾害和生态环境，研究全球环境变化、气候变化规律和减灾防灾等方面发挥了重要作用；同时也可为航空、航海等部门提供全球气象信息。世界气象组织已将其纳入新一代世界极地轨道气象卫星网。

风云三号卫星是我国第二代极地轨道气象卫星，可在全球范围内实施全天候、多光谱、三维、定量探测，主要为中期数值天气预报提供气象参数，并监测大范围自然灾害和生态环境，同时为研究全球环境变化、探索全球气候变化规律、航空航海提供气象信息。

4.2.4 第二代地球静止轨道气象卫星

- 全球第一颗大气高光谱垂直探测高轨卫星
- 全球首次地球静止轨道微波探测技术验证
- 我国首次实现闪电探测
- 我国首次实现星上实时图像导航配准
- 我国首次实现全波段在轨辐射定标
- 我国首次地球静止轨道空间环境、效应和磁场联合探测
- 卫星综合技术性能国际领先

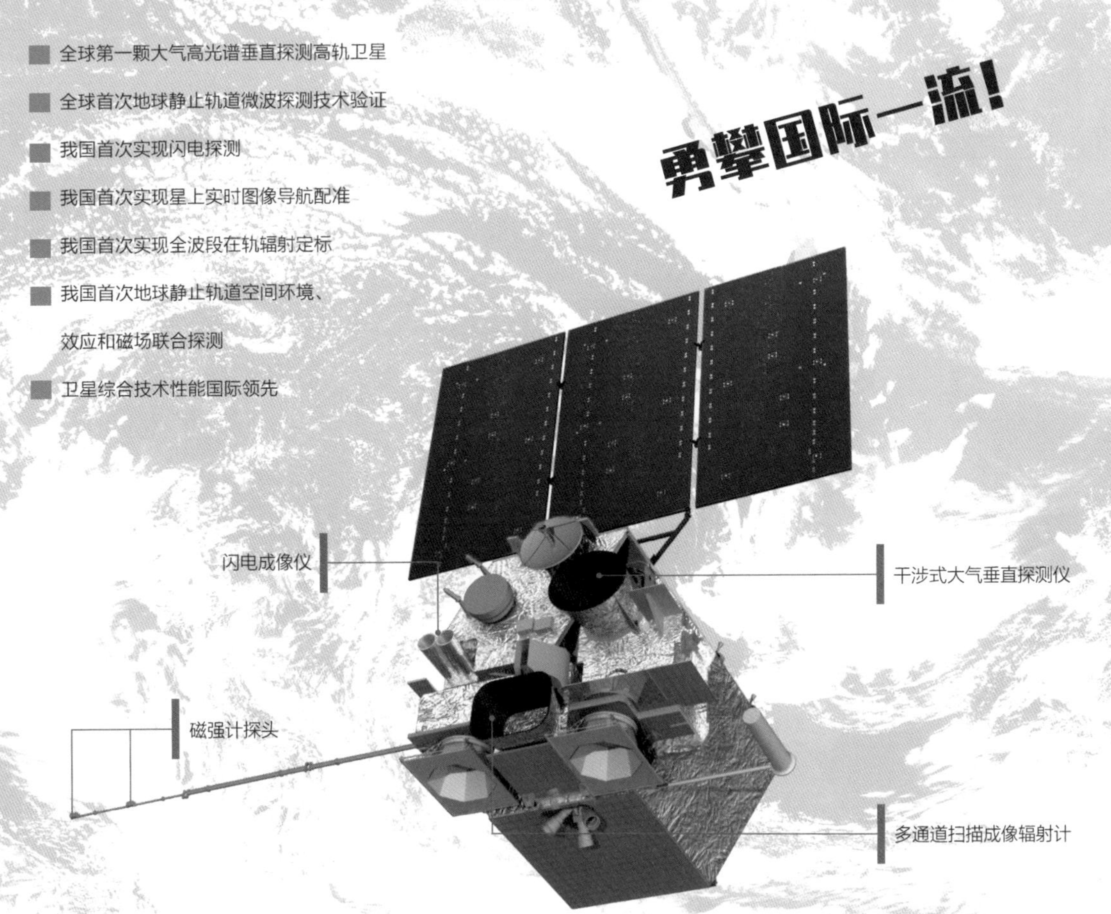

风云四号A星参数

轨道类型	地球静止轨道	星下点经度	105° E	卫星质量	约5 400kg
轨道高度	35 786km	稳定方式	三轴稳定	功率	≥3 200W

风云四号卫星发射历程

气象卫星	发射日期
风云四号 A 星（FY-4A）	2016 年 12 月 11 日
风云四号 B 星（FY-4B）	2021 年 6 月 3 日

2016 年 12 月 11 日零时 11 分，在西昌卫星发射中心，长征三号乙运载火箭成功发射风云四号 A 星。风云四号 A 星是我国地球静止轨道气象卫星从第一代（风云二号卫星）向第二代跨越的首发星，也是我国首颗地球静止轨道三轴稳定定量遥感卫星。风云四号 A 星使用全新研制的 SAST5000 平台，设计寿命 7 年。它具备对地“多光谱二维成像 + 高光谱三维探测 + 超窄带闪电探测”的气象要素实时综合观测能力，同时具备对空间粒子、辐射和磁场等空间天气的观测能力。多通道扫描成像辐射计可 15min 获取一幅 14 波段地球圆盘图像，可见光空间分辨率最高为 500m，红外空间分辨率为 2 ~ 4km；红外最高灵敏度 0.1K，定标精度优于 1K，达到国际同类型载荷先进水平。干涉式大气垂直探测仪采用迈克尔逊干涉仪，实现 1 650 个通道的红外辐射探测，全球首次从地球静止轨道获取高频次的大气温度和湿度垂直分布信息，在轨实测光谱分辨率 $0.625cm^{-1}$，辐射定标精度优于 1.5K，光谱定标精度优于 10×10^{-6}。闪电成像仪可以以 500 帧 / 秒高频次获取闪电探测数据，实时星上开展闪电事件探测，与地基观测数据比对，实现对雷暴系统的实时、连续监测和跟踪。辐射计、探测仪、闪电仪在轨实现联合观测强对流聚集伴随明显的天气事件，辐射计观测到的强对流云细微结构和纹理特征，与闪电事件、探测仪晴空区域感测数据联合，对区域性灾害天气提前预警，提高强对流天气、灾害天气的预报精度具有重要价值。风云四号 A 星综合探测能力达到国际先进部分领先水平。

风云四号 A 星投入使用后，我国更加精确地开展了天气监测与预报预警、数值预报、气候监测。卫星装载的闪电成像仪 1s 能拍 500 张闪电图，探测区域范围内的闪电频次和强度，在国内首次提供闪电预警。辐射计每 3min 对台风区域进行观测，弥补了在轨卫星云图时间分辨率不高的缺点，对灾害及环境监测、人工影响天气、空间天气研究等提供了有力支撑。

2021 年 6 月 3 日，我国成功发射风云四号 B 星，风云四号 A、B 两颗卫星实现了更为灵活的双星组网观测，带来高频次天气观测能力的跃升。风云四号 B 星在国际上首次实现了地球静止轨道 250m 空间分辨率、中小尺度（2 000km × 2 000km）1min 频次观测，为强对流天气监测、重大活动气象保障提供了高频次、高清晰度的观测数据。人们看到风云四号 B 星云图后都不禁感叹道："地球从未如此清晰。"

纵观国际，风云四号卫星带领中国高轨气象卫星赶超欧美，抢占国际制高点，在世界上首次实现了地球静止轨道的大气垂直探测，大幅提高了天气预报准确率和精细化水平，同时其图像定位精度达到了国际一流水平。

风云四号B星

地球静止轨道辐射成像仪第一幅彩色合成图像

2021-07-01 12:00（北京时间）

国家卫星气象中心
NSMC National Satellite Meteorological Center

4.3 气象卫星发挥的效益

50 多年来，我国航天和气象科技工作者瞄准国际气象卫星科技前沿，始终坚持自主创新、星地统筹发展。风云气象卫星是世界上目前在轨数量最多、种类最全的气象卫星星座之一。我国与美国、欧盟作为目前世界上 3 个同时具有极地轨道和地球静止轨道两个系列气象卫星的国家和国家集团，共同构建了全球气象卫星数据分发服务系统。

4.3.1 国之重器支撑国家战略

气象卫星在服务“一带一路”倡议的实施、保障国家生态文明建设、监测与评估“生态红线”、服务太阳能光伏及风力发电等清洁能源方面发挥了重要作用。近几年，我国气象部门利用风云卫星数据共发布各类监测报告 2 600 余期，服务报送 3 万余次，为国家重大战略决策提供了有力支撑；围绕“山水林田湖草城”，结合地方特色，统筹制作全国生态遥感年报，为生态文明建设提供气象服务支撑数据。

近年来，中国光伏和风力发电市场经历了爆发式增长，可持续发展和清洁能源成为人们经常讨论的话题。光伏、风力发电的选址与发电量

◀ 世界第三极——青藏高原雪山资源监测，服务国家高原生态保护和气候变化监测

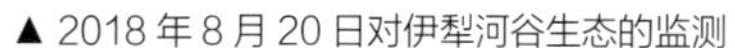

▲ 2018 年 8 月 20 日对伊犁河谷生态的监测

▲ 对重庆及周边特殊山系植被的监测

预估有直接关系，为实现效应最大化，气象卫星为光伏、风力发电选址支招。气象工作者利用风云气象卫星多年连续观测的数据，与国内 100 多个地面观测站的实测数据进行校准，建立全国 10km 分辨率太阳能资源数据库（近 10 年逐小时水平总辐射、直接辐射、散射辐射、任意斜面总辐射及最佳倾角等），提供全国高分辨率太阳能数据、分析报告及软件。

▼ 光伏发电和风力发电

仓廪实，天下安。粮食产量的稳定直接关系到国家粮食安全、国民经济的可持续发展，乃至社会的和谐安定。保障国家粮食安全是一个永恒课题，要“把饭碗牢牢端在自己手上”。因此，保障国家粮食安全成为我国气象部门的重要任务之一。作物产量预报技术主要是综合利用作物生长期间的气象条件、作物长势及农业气象灾害发生情况，利用气象卫星遥感资料，建立作物遥感长势监测和遥感估产模型，在综合各类预报模型预测结论的基础上，依托气象卫星遥感信息形成对作物产量的客观预报。2012 年，美国粮食主产区发生干旱，美国国内预测玉米、大豆产量将大幅下降，引起国际粮价的极大波动，这也对我国进出口贸易带来潜在威胁。当时，我国气象部门的产量预报给出了与美国不同的结论，后来被证实我国的预报更接近实际，从而为我国粮食进出口政策制定提供了可靠的科学依据。

4.3.2　知冷知热服务国计民生

风云气象卫星被大家亲切地称为“知冷知热的百姓星”。多年来，正是高悬在太空的“天眼”，精测风云、监测变换，使我们的天气预报更加准确，为防范气象灾害提供了有力支撑。风云气象卫星应用广泛，在防范和应对气象灾害及其衍生灾害、生态环境遥感监测、森林草原火灾监测预警、土地利用遥感监测和粮食产量监测预报等方面发挥了巨大作用。风云四号卫星对水体面积和雨带变化做出持续而精准的监测，风云三号卫星将鄱阳湖最清晰的水体变化监测图呈现在人们眼前，为天气预报和抗洪抢险决策提供数据支持。

2020 年 10 月 11 日凌晨，位于南海南部海域的热带气旋加强为 15 号台风“莲花”。海南省气象局发布台风预警，提醒作业和过往船舶回港避风。台风往往会给沿海地区带来强风暴雨，破坏性极强。因此准确的预报显得极为重要，精密的气象卫星观测是提高气象预报准确率和降低气象灾害监测预警失效概率的关键。在台风监测中，风云气象卫星发挥着无可替代的作用。自风云气象卫星投入运行以来至 2020 年 8 月底，西太平洋生成的 566 个台风、登陆我国的 165 个台风均被监测到。自风云四号卫星投入运行后，我国对台风、暴雨等灾害天气的监测识别时效从 15min 提升到 5min，暴雨预报准确率提高到 89%，24h 台风路径预报的平均误差从 95km 减小到 71km，达到世界先进水平。

我国是自然灾害非常严重的国家之一，70% 以上的自然灾害是由气象原因造成的，风云气象卫星为我国防灾减灾做出了重要贡献。风云气象卫星不只用来预报天气，其数据和产品也被广泛应用于海洋、农业、林业、环保、水利、交通、电力等行业，产生了良好的经济效益和社会效益。经过测算，风云气象卫星的投入产出比超过 1∶40，随着我国经济的发展，未来气象卫星的投入产出比将会更高。

4.3.3 “一带一路”彰显大国担当

风云一号 C 星由于突破了寿命难关，引起广泛的国际关注。在中国的支持下，美国通过中－美气象双边合作渠道，于 2001 年年初在美国阿拉斯加州和威斯康星州分别建立了两个风云卫星资料接收系统；欧洲、美洲、亚洲和大洋洲也有众多的气象和环境部门、大学和科研机构接收和利用风云一号卫星数据。

澳大利亚、日本、新加坡、马来西亚、菲律宾、韩国、朝鲜、伊朗、阿曼、新西兰等国家，以及中国香港和中国澳门特别行政区都在不同程度地接收和利用风云二号卫星数据。美国在澳大利亚南部专门建立了风

▼ 风云二号 H 星为“一带一路”区域提供服务

云二号卫星接收系统，将实时收到的数据经夏威夷中转传输到美国存档并进行全球拼图应用。欧洲气象卫星组织通过设在澳大利亚的接收站，将风云二号卫星数据中继传输到法国卫星气象中心。中国香港天文台则将每天收到的风云二号卫星数据通过其网站公布。世界气象组织原主席、澳大利亚气象局局长齐尔曼博士对风云气象卫星对周边国家和全世界的重要贡献及数据公开的政策给予了高度的评价。

2006 年 3 月 24 日，我国政府正式向《亚太空间合作组织公约》签署国政府赠送了风云气象卫星数据广播接收系统。这是继 2005 年 10 月 7 国签署《亚太空间合作组织公约》之后，亚太空间合作组织迈向正式成立的又一个重要里程碑。

2018 年，我国第一代地球静止轨道气象卫星的最后一颗卫星——风云二号 H 星定点位置由原来的 86.5° E 向西漂移至 79° E 赤道上空，覆盖印度洋、中亚、西亚和非洲等地区，弥补了这些地区气象观测能力的不足，被称为“一带一路”星。

▼ 中国气象局制定风云气象卫星国际用户应急服务业务流程，已经收到老挝、缅甸、伊朗、马尔代夫、泰国、菲律宾、阿尔及利亚、乌兹别克斯坦、突尼斯、蒙古等多个国家应急服务保障需求

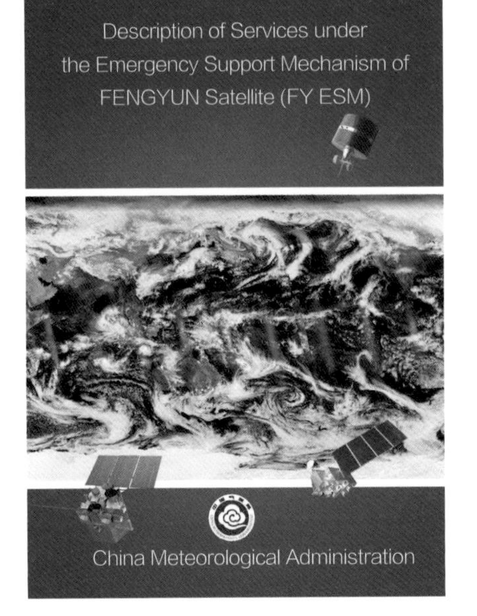

▼ 南印度洋热带气旋“巴齐雷”影响马达加斯加，风云三号 D 星于 2022 年 2 月 4 日监测到的影像，相当于我国的超强台风，从图中可以看到台风眼区清晰，结构对称，环流中心附近及外围云带上强对流发展旺盛

风云气象卫星作为全球综合观测系统的重要成员，被世界气象组织纳入全球业务应用气象卫星序列，凭借先进的技术水平、稳定可靠的业务运行和高质量的遥感数据服务，风云气象卫星与美国、欧盟气象卫星一起，成为全球对地观测网的主力军。目前，风云气象卫星已为全球的120 多个国家和地区提供风云气象卫星的资料和产品，已在越南、菲律宾、莫桑比克等国的台风灾害监测中发挥了重要作用。世界气象组织2020 年 5 月发布的二区协、五区协用户调研报告称，风云气象卫星数据服务处于领先位置。

4.3.4 观云测雨保障重大活动

近年来气象卫星资料不仅被应用于台风、暴雨、大雾、沙尘、洪涝、火灾、霾、高温、干旱等灾害监测和环境生态领域，还被应用于为重大活动提供气象服务保障。如，为 2016 年二十国集团（G20）领导人杭州峰会、“一带一路”国际合作高峰论坛、金砖国家领导人第九次会晤（厦门）、党的十九大、上合组织峰会、中阿合作论坛、中非合作论坛等重大活动提供气象服务保障，为气象决策提供强有力支撑，明显提升遥感应用服务效果。

▼ 北京奥运会及气象保障

在 2008 年北京奥运会期间，风云气象卫星为奥运气象服务提供了坚实的保障。北京奥运会的申办成功，把突发性天气预报这一世界难题摆在了我国气象预报员的面前。为了做好奥运会期间的天气预报，国家气象部门成立了专门的服务团队，对历史同期北京的主要降水过程进行统计，还进行了专门的典型案例分析。24h 不断更新的卫星云图、分布在奥运场馆及城市周边的 200 多个自动气象站，有力保障了奥运会全程召开，同时也大幅提高了气象预报能力。弹指一挥间，2008 年奥运会已经过去了 10 多年。在北京 2022 冬奥会期间，3 颗风云气象卫星参与了直接气象保障服务，与地面装备一起，搭建冬奥会天地一体气象观测网络，为赛场提供了更加精细、全面的气象支持。

▲ 快速成像仪 250m 分辨率北京地区云图

2021 年 7 月 1 日是中国共产党成立 100 周年纪念日，风云四号 B 星这颗刚升空的气象卫星，在发射 15 天后开机上岗，为这次在北京天安门广场举行的庆祝活动执行保障任务。风云四号 B 星实现了北京及周边地区 1min 间隔连续成像，实时监测天气变化情况。庆祝活动当天，凌晨 5 点 30 分，气象保障团队在分析风云气象卫星数据后对后续天气演变情况进行预报："5 点到 8 点北京上空云系会明显增多，不影响能见度，但 8 点以后将从北京西部和北部开始影响北京，后续有明显降水过程，要关注局地短时强对流。"9 点前后，一个小尺度云团忽然出现并快速移动，风云四号 B 星对云团进行了分钟级动画跟踪，流畅的画面精准显示云团的精细化演变特征，预测云团不会影响庆祝活动，事实证明了预报的精准。

4.3.5 自力更生牵引基础工业

我国的气象卫星从零起步，在国内基础工业极其落后的情况下，实现了从无到有、从小到大、从弱到强的跨越式发展。气象卫星牵引我国基础工业在空间技术、空间科学和空间应用方面取得了巨大的成就，以风云气象卫星为代表的我国对地观测卫星已为国民经济和社会发展提供

▶ 风云气象卫星打造的定量遥感卫星平台

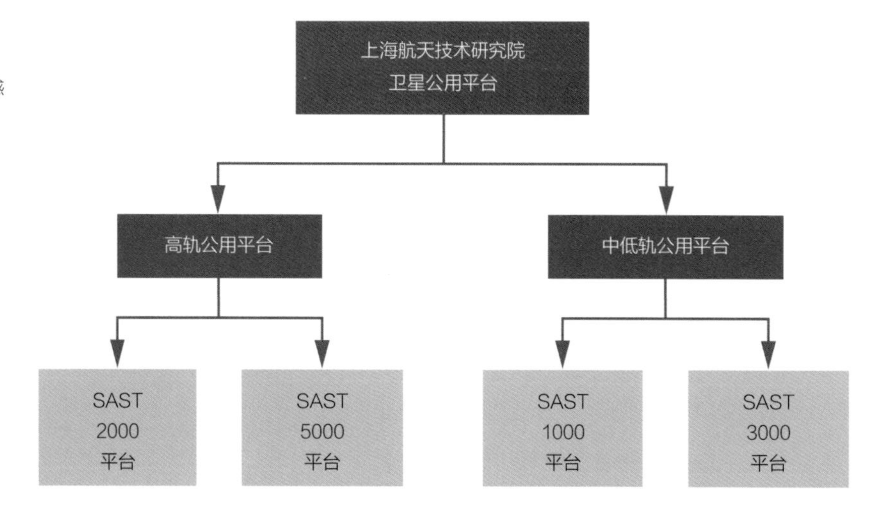

了新的先进技术手段，其研制能力整体跨入国际先进行列，提升了国际影响力和话语权。气象卫星也成为我国民用遥感卫星中应用范围最广、效益发挥最好的卫星。航天业务部门经过两代四型风云系列气象卫星的发展，完善并发展了具有中国特色的定量遥感卫星研制体系和研发平台。

我国航天工作者在研制气象卫星过程中，开发了多个“国际一流”的高性能卫星公用平台，为我国环境卫星的发展奠定了基础。气象卫星事业推动了我国遥感卫星公用平台的构建，多型平台已拓展应用于我国高分、实践、遥感等系列卫星。

气象卫星遥感技术牵引了红外探测、微波探测等国家基础工业及其产业化的发展，带动了辐射校正、几何定位、图像导航配准等技术的发展。

风云四号卫星是目前世界上最强的“地球摄影师”，它搭载了全球首个大气垂直探测仪，在国际上首次实现在单星上同时搭载多通道扫描成像辐射计和干涉式大气垂直探测仪，在星上实时遥感仪器成像配准技术上实现了突破。

2017 年 9 月 25 日至 28 日，用户在启动微信时，欣赏到由我国新一代地球静止轨道气象卫星——风云四号卫星从太空拍摄的祖国全景。这也是 6 年来微信启动页面首次发生变化。启动页面背景中的地球图片中心由原来的非洲大陆，变成我们的祖国。微信启动页面这一“变脸”的背后有着科研人员 15 年的坚持与付出。

风云四号卫星辐射计和探测仪在 36 000 km 高空能够实现 500m 精度的机动观测，即“指哪测哪”，仪器使用的测角机构起着举足轻重的作用。2009 年风云四号卫星刚立项时，国际上只有美国与欧洲的少数几家企业能生产满足该要求的测角机构，且均对中国禁运。科研工作者经过多年的攻关，解决了精度、可靠性等一系列难题，最终研发出了满足要求的产品。目前该产品已用于多个航天型号，有利支撑了我国航天事业的发展。

▼ 高精度测角机构

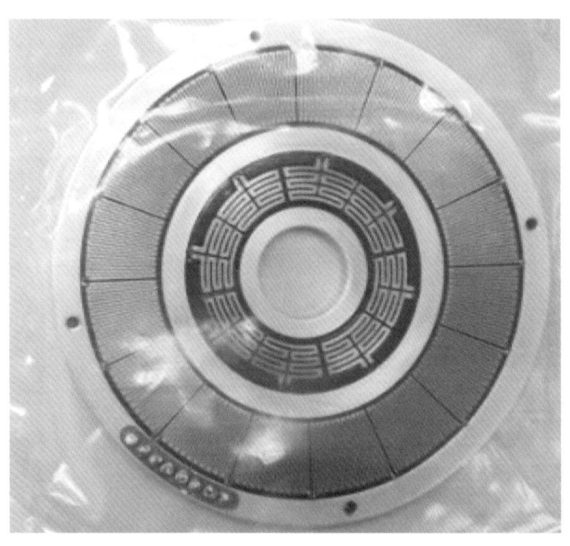

遥感领域红外高光谱技术的发展是一场观测革命。21 世纪初，美国和欧洲都在朝此方向发展，高光谱遥感仪器技术难度大，国外也仅仅发射了极地轨道高光谱大气探测载荷。在 21 世纪初期，我国气象卫星科技工作者瞄准世界前沿，下定决心研制 1500 通道以上的高光谱大气观测仪器，与国内高校、中国科学院等单位一起，先后突破了稳频激光器技术、中长波红外面阵探测器技术、高精度分光技术等一系列难题。这些技术在当时均为我国基础工业前沿水平，虽然我国在材料制造、加工和热处理工艺方面均无相应经验，但工程师们克服了重重困难，最终在 2016 年底实现了地球静止轨道 1650 通道高光谱红外探测。红外探测器规模由风云二号卫星单像元探测器发展为 32 像元 ×4 像元面阵探测器，突破了国外的技术封锁，实现了关键技术的自主可控。卫星遥感红外探测、微波探测、定标等技术的发展对我国基础工业水平的提高起到了重要的推动作用。

▼ 红外面阵探测器

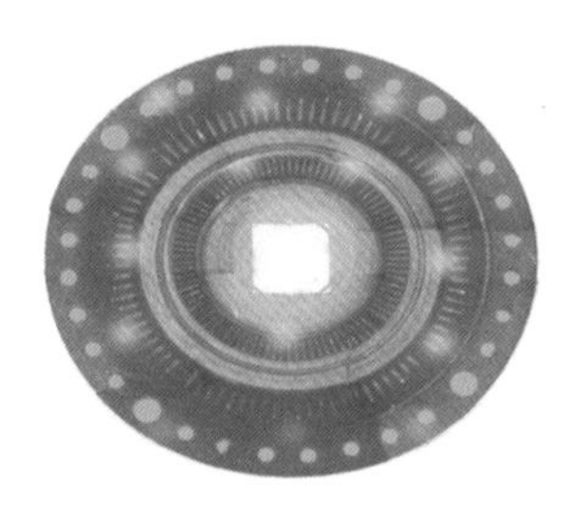

▼ 高精度辐射源

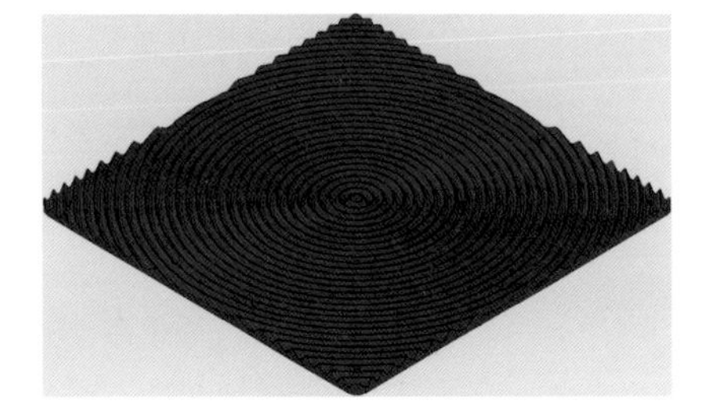

▼ 在轨辐射制冷器

我国气象卫星在轨布局图

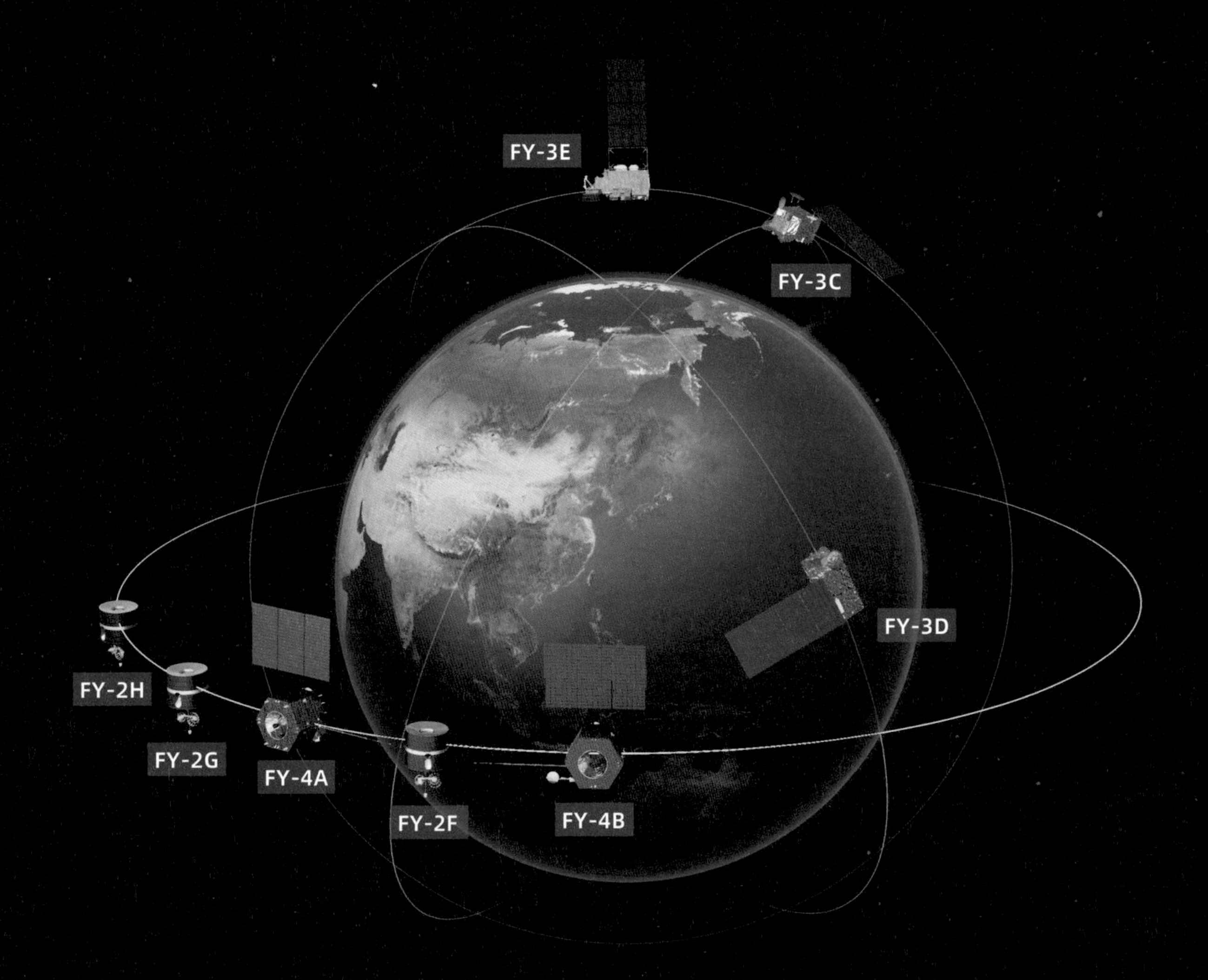

第5章

CHAPTER 5

气象卫星的未来

随着我国经济、科技水平的不断发展，人们的生活水平日益提高，对气象观测和气象服务提出了新需求。同时随着人类活动的加剧，全球气候变暖导致的极端高温、低温、强降水和干旱等天气事件频发。为了更好地服务我国社会经济发展和人们的日常生活，未来气象卫星将瞄准民众关心的台风、强对流、森林草原火险等事件的观测需求，应用大数据、人工智能等技术，发展先进观测有效载荷和卫星平台技术，全面提升气象服务水平。

5.1 未来气象观测需求

全面建设社会主义现代化国家的宏伟目标对气象工作提出了更高的要求。经济、社会发展对气象服务的需求日益增长，当前气象事业发展的能力不能满足日益增长的需求是现实存在的突出矛盾。解决这一矛盾的关键就是大力发展我国气象卫星，必须在气象卫星规模和探测性能上取得长足的进步。

1. 防灾减灾需求

高影响天气、海洋天气、气候和水文事件（暴雨、洪涝、干旱等）可在全球范围内造成灾难性后果，导致大量人员伤亡、人们流离失所和社区遭到破坏等，造成的社会经济损失是巨大的。从世界气象组织发展战略报告提供的 1970—2009 年每 10 年全球经济损失总值可以看出，各类气象水文灾害造成的每 10 年经济损失有明显的增加趋势，全球每年因自然灾害带来的保险损失在 100 亿～500 亿美元。按灾害类别划分，暴雨和洪水分别占据灾害损失的第一位和第二位，且明显高于其他灾害造成的损失。随着气候变暖造成极端天气气候事件频次的进一步增加及强度的不断增大，这两个方面的防灾减灾气象服务未来（到 2040 年）必定仍然是重中之重。

2. 大型城市精细化气象服务需求

到 2040 年，全球人口预计接近 90 亿人。目前全球有 50% 以上人口生活在城市地区，而到 2040 年居住和生活在城市地区的人口将达到 70%，且更多集中在沿海地区。这一趋势表明，精细化的城市和沿海地区气象服务将成为突出的气象服务需求。

3. 生态环境监测需求

2014 年世界卫生组织报告指出，2012 年有 700 万人由于空气污

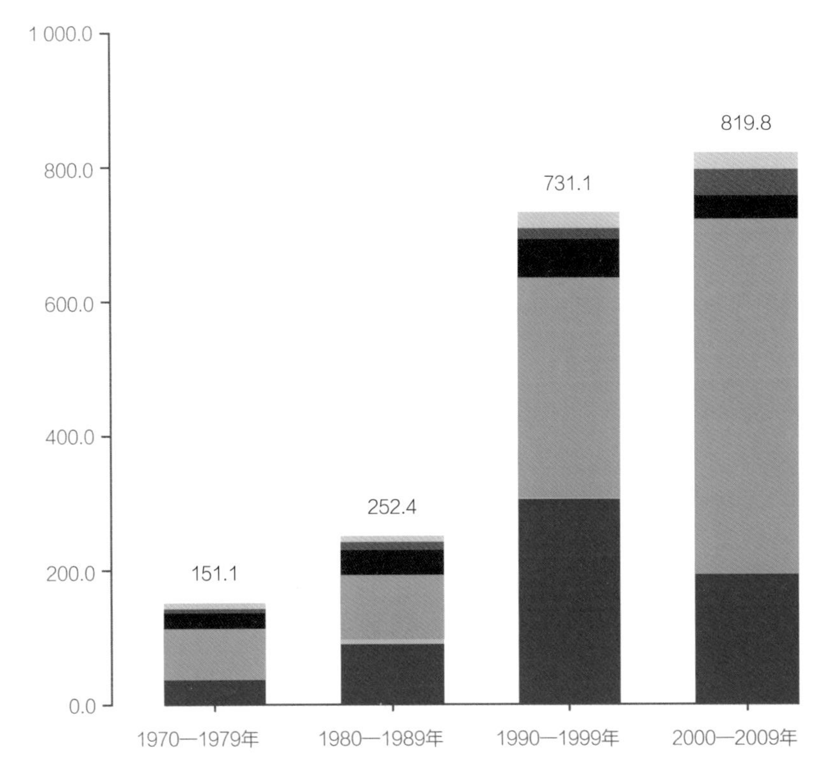

◀ 1970—2009 年按灾害类别划分的每 10 年全球经济损失总值，均调整到 2011 年的价值并以 10 亿美元为单位（来源：世界气象组织，2013 年）

染过早死亡，这一现象在东南亚的中等和低收入国家及西太平洋地区尤其严重，死于室内空气污染和室外空气污染的人数分别约为 330 万和 260 万。随着人们对提高生活质量的需求日益增长，未来空气质量的预报和监测必将成为气象服务的重要需求之一。

4. 社会可持续发展需求

联合国秘书长报告预测，2050 年全球将有 7.8 亿人口无法获得清洁水，将有 13 亿人口缺乏电力供应等。全球气候服务框架确定的 5 个重点领域（农业、防灾减灾、水资源、健康和能源）基本涵盖了国家可持续发展相关的气候服务需求，明确了增强和全面改进气候服务信息的重要性。

在全球气候变暖的背景下，极端气象灾害多发、频发，未来气象与社会经济发展和人民生活的关系更加密不可分，气象服务的领域必将进一步扩大。防灾减灾和生态文明建设对气象服务提出了更为精细、更为及时、更为全面的迫切需求，由此必然推动气象卫星观测系统朝着更高、更快、更准的方向发展。更高：进一步提高观测的空间分辨率和光谱分辨率；更快：进一步提高观测频次和更快地获取卫星观测数据；更准：进一步提高观测的精准度（高辐射和几何精度、高信噪比和稳定性），以满足精准气象预报和气候变量的观测需求。

5.1.1 未来天气预报发展需求

先进的全球数值天气预报（NWP）模式可输出长达 15 天的中期天气预报，水平分辨率为 15 ~ 50km，垂直分辨率在地球表面附近为 10 ~ 30m，在平流层为 500 ~ 1 000m。基于 NWP 的输出，预测极端天气和气候事件的成功率在逐步提高，NWP 也越来越多地用于较长期的天气预报。气象工作部门预测 2040 年 NWP 的需求如下：

① 7 ~ 10 天的预报准确率达到 90%；

② 常规发布 7 天的降水预报；

③ 常规发布 7 天的区域强局地对流预报；

④ 提前 4 天的洪水预报；

⑤ 3 天台风（飓风）路径预报精度达到 75 海里（1 海里 =1.852 千米），2 天台风（飓风）强度预报精度（以风速为指标）达到 9 节（海里 / 时）；

⑥ 全球数值预报模式分辨率达到 1km，区域模式分辨率甚至可以达到 100m。

一些与天气有关的决策需要具有较高的空间分辨率（小于 1km）和时间分辨率（小于 10min）的准确预报。2040 年临近和短期天气预报的服务需求指标预测如下：

① 提前 6 ~ 12h 有效地预报雷暴的发生区域（对流扰动）；

② 实时监测台风和强对流系统的强度和路径变化；

③ 提前 60min 预报龙卷风；

④ 对局地灾害性事件（如森林火灾、火山爆发、局地暴风雪、空气污染、化学或放射性事故等）进行实时监测和发展趋势预测。

NWP 的准确度在很大程度上取决于如何准确、完整地描述大气的初始状态。为实现 2040 年需求目标，期望 2040 年气象卫星可以为 NWP 提供的关键大气变量为（按重要性排序）：

① 卫星观测的三维大气风场（从近地面到平流层所有层面）和二维的地表气压场；

② 具有足够垂直分辨率的三维大气温度和湿度分布（在对流层低层和多云的地区更重要）；

③ 基于卫星的降水估计和云参数；

④ 海洋上层（0 ~ 500m）温度和陆地土壤湿度（对中长期天气预报，即 10 ~ 15 天的预报更加重要）；

⑤ 海冰和雪水当量；

⑥ 气溶胶和痕量气体；

⑦ 一些关键大气变量（如台风、强对流系统的结构及环境场）和地表变量（如气压、风速和风向、能见度、污染天气状况、短波辐射、雷电、沙尘暴和火山爆发监测）；

⑧ 更高空间分辨率的卫星观测和更高的观测频次，以满足高分辨率模式快速更新循环同化的需要。

◀ 未来气象、气候预报需深入研究气候变化的物理过程和内在机理，必须了解水圈、大气圈、冰雪圈、岩石圈和生物圈各圈层之间复杂的相互作用，在无缝隙的地球系统框架下推进未来天气、气候、水和环境等观测业务发展，预测未来的变化趋势，以便采取应对措施

5.1.2 气候系统监测和预测需求

地球气候系统由大气圈、水圈、岩石圈、冰雪圈、生物圈5个部分组成，它们以各种方式影响着人类活动，包括水的供应、粮食生产、空气质量、生态系统、人类健康，甚至人类迁徙。2040 年，预计全球人口接近 90 亿，对地球资源（水、粮食和能源等）的需求相应增加。同时，全球变暖也会不断改变着地球气候系统不同圈层之间的联系，使得地球气候和环境预测的不确定性增加，对地球系统的准确预测变得越来越困难。在未来 10 多年，我们必须超越目前的主要着眼于对地球气候系统的各个组成部分进行研究的基本立足点，把视线提升到将地球气候作为一个整体系统的高度（结合大气、海洋、生物圈和固体地球等）开展综合观测，以提高定量预测地球气候系统的能力。这些预测能力将提高决策水平，进而提高生活质量，保障经济的可持续发展及全球社会的稳定。对于世界气象组织全球综合观测系统（WIGOS）2040 年发展的远景规划来说，观测整个地球气候系统是关键发展方向和难点。总体目标如下：

① 观测整个地球气候系统，从气候各个组成部分的变化追踪到对整个气候系统的影响；

② 模拟整个地球气候系统及其所有分系统，使气候系统的任何分系统的变化可以预测；

③ 不断改进对于整个地球气候系统行为及其动态演变模式的建模，使其能够更好地符合对地球气候系统的观测；

④ 实现对地球气候系统的有效预测（包括对于预测不确定性的描述），对社会经济各有关方面的决策提供有实际应用价值的支持和服务。

为响应第十六次世界气象大会关于“建立空间气候监测架构”的决议，由世界气象组织、地球观测卫星委员会（CEOS）和国际气象卫星协调组织（CGMS）组成的特别工作组编写了一个关于“建立空间气候监测架构战略”的报告，指出卫星观测和监测气候系统存在巨大挑战。观测的主要不足如下：

① 许多用于监测气候系统的卫星观测仪器并不是针对监测气候设

计的，其观测精度、稳定性、持续性和连续性都难以达到气候系统监测的要求；

② 大部分气象卫星序列没有计划确保连续稳定运行达到气候监测所需要的时间序列（30 年），也没有在某个重要气候变量观测仪器失效的情况下专门针对气候监测目的的卫星应急计划（即卫星系统之间的相互备份支持计划）；

③ 数据共享政策尽管已经取得很大的进步，但是和天气观测数据相比，对于气候数据共享重要性的认识和气候数据交换的业务平台尚未实现；

④ 气候监测需要加强建立包括终端到终端的气候信息系统，完善从数据采集、数据质量控制，到数据存归档、处理发掘等管理工作所需的系统建设。

▼ 进入工业社会后，全球气候系统发生了前所未有的变化：海平面上升、多年冻土和积雪融化、极端降水和干旱事件多发频发

5.1.3 大气成分和空气质量观测

2015 年，《联合国气候变化框架公约》近 200 个缔约方在巴黎气候变化大会上达成《巴黎协定》，显示了世界多国政府和国际组织主动参与限制和减少大气中温室气体排放的决心。但如何客观定量地监测全球二氧化碳在不同地区的排放量仍是一件悬而未决的事情。全球气候服务框架的“健康”主题包括了对于空气质量服务的需求。全球大气成分和空气质量观测的主要不足包括：

① 实地观测站网（包括陆地、海洋和自由大气观测点）的密度远远不足，从卫星平台上观测温室气体和污染气体尚处在探索和起步发展阶段；

② 不同尺度的观测（如全球观测和区域观测）和在不同介质中观测（如在大气中观测与在二氧化碳分压观察室中观测）之间的不兼容性；

③ 在全球 / 区域和局地尺度的传输模型中，模式的复杂性和性能都存在不足。

以上不足使得二氧化碳和甲烷等大气成分的空间和时间分布观测不充分，仅仅利用有限的地面观测站观测导致全球温室气体的分布和演变的研究存在很大的不确定性，严重制约对全球碳循环的认知能力和对未来的气候预测能力。卫星将是测量全球二氧化碳和甲烷时空分布最有可能的技术手段之一，有望改善上述气体源和汇的估算量的准确度。

5.2 气象卫星技术发展方向

从国内外气象卫星发展来看，高新技术的综合应用、地球环境系统的探测和模拟（预测）及空（天）基遥感技术，将在未来大气环境观测系统中起着越来越重要的主导作用。

5.2.1 综合观测能力提升

为了更好地利用气象卫星对地球气候系统五大圈层和大气外层空间环境进行有效探测，仅依靠单一遥感仪器是不可能实现的。为此，必须将微波遥感、可见光红外遥感和无线电掩星探测仪器联合起来，由单一有效载荷配置向多有效载荷综合观测发展。目前，先进的气象卫星均要求具有多类别、多尺度、多波段有效载荷联合对地观测的能力，使其对目标信息的探测能力进一步增强。紫外、可见光、近红外、红外、微波等多波段有效载荷联合成为卫星的基本配置。我国的风云三号卫星，美国 DMSP 系列卫星、NPOESS 系列卫星，欧洲的 METOP 系列卫星等均同时配备具有上述功能的有效载荷。

主动微波遥感仪器和新型高光谱遥感仪器，其质量、功耗等对卫星平台的需求较传统仪器高出许多，目前对地观测卫星平台尚不能满足新的、更高精度的遥感仪器的需求。因此，需要研发新的大型对地观测卫星平台及卫星星座，来真正实现高空间分辨率、高时间分辨率、高光谱分辨率、高辐射准确度及全球、全天候、多波段观测。

随着高新科技的发展，空间遥感正在走向多源观测时代。在继续使用被动遥感仪器进行观测的同时，要研发主动遥感仪器，如测雨雷达、激光雷达、散射计等设备，探测全球降水、土壤湿度、风场、大气气溶胶垂直廓线等。要探索有效的多源信息融合算法，将可见光、红外、微波多频段多通道、主动与被动等多源遥感数据融合，以获取更准确、更丰富的定量信息。

进入 21 世纪，地球观测卫星系统正在经历性能和功能上的飞跃发展。气象灾害、环境恶化、气候变化、资源开发等研究领域对卫星观测提出了高时效、高分辨率、三维立体探测等要求。提高遥感仪器的时空分辨率和探测准确度，是未来遥感探测的发展趋势，卫星遥感仪器的研发应顺应发展需求，向“高空间分辨率、高时间分辨率、高光谱分辨率、高辐射准确度及全球、全天时、全天候观测”方向发展。

1. 更高的空间分辨率、更高的时间分辨率

对极地轨道气象卫星来讲，高空间分辨率就是在全球覆盖的宽幅情况下进一步提高空间分辨率，高时间分辨率就是在目前 6h 更新时效的情况下，通过增加晨昏轨道卫星等将更新时效提高到 4h，提高卫星观测频次。为了更加精确地区分各种地物目标，遥感仪器的分辨率要求越来越高。对地球静止轨道气象卫星而言，为了细致地揭示中小尺度灾害性天气的发生、发展过程，在下一代地球静止轨道气象卫星中，空间分辨率和时间分辨率都会进一步提高。

2. 更高的光谱分辨率

为了精确地区分各种地物目标，准确地反映所观测目标的真实情况，提高观测数据反演精度，必须提高遥感仪器的光谱分辨率、空间分辨率、通道灵敏度和定标精度。通过提高光谱分辨率，可以增加仪器的探测通道，遥感仪器通道数目越多，通道划分得越细，越利于区分不同的遥感对象。对于垂直探测仪器来说，通道数目越多，垂直分辨率越高。此外，提高光谱分辨率还能够对大气中辐射的微弱信号实现有效探测。

3. 提高仪器的测量准确度

为了准确地反映所观测目标的真实情况，需要提高遥感仪器的测量准确度。天气预警预报、气候预测预估、生态系统监测业务和科学研究，要求获取精确、可靠的各种地球物理参数，因此，必须完成从卫星遥感

的电磁辐射量到地球环境物理、化学变量的转换。这是一个复杂的数学和物理反演过程，需要大量的科学和应用的实验验证，数据定量处理的关键技术是数据的定标、定位、订正和参数“反演”。加强卫星观测数据的定量化处理，加强对数据的气候分析应用和数值同化，是促进卫星遥感应用效益发挥的重要手段。

4. 大力发展新型气象卫星遥感手段

相比于红外波段，微波能穿透云层且不受天气的影响进行探测。同时，使用微波波段对云进行遥感观测，特别是对云中雨滴大小和相态的观测，不仅对于天气预报具有重要意义，而且有利于了解大气中

▼ 气象卫星体系化发展

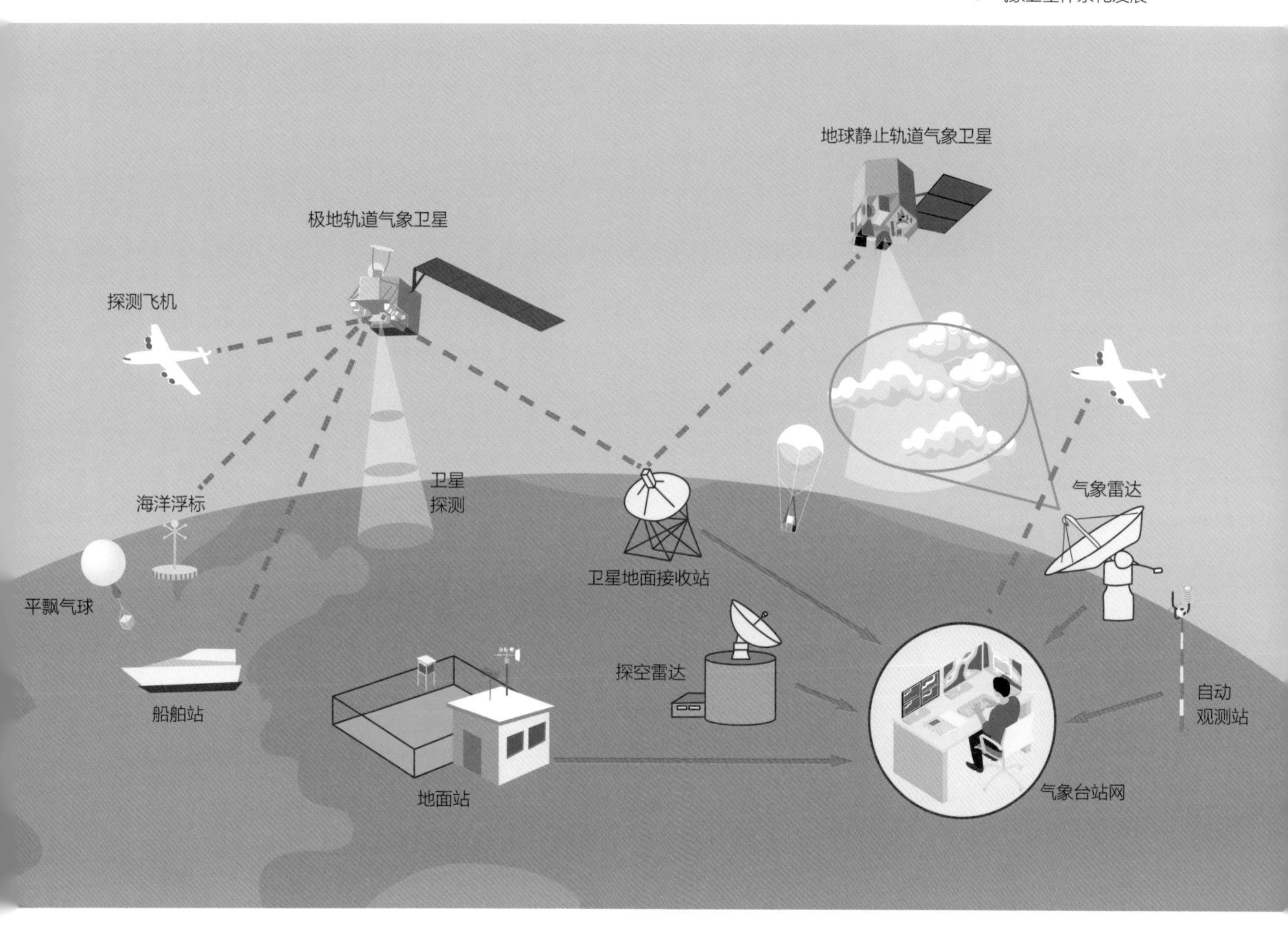

辐射传输过程的细节。因此可采用新的遥感波段，特别是利用微波波段解决全天候观测问题。

为了实现全球、全天候、多波段观测，必须大力发展主动、被动微波遥感仪器，如微波辐射计、散射计、高度计等；无线电掩星探测技术具有较高的精度和大气垂直方向的分辨率，并且不受天气变化影响，故是重点发展的对象之一。

为了获取大气风场及海面状态的相关信息，先进的气象卫星可以配置一些主动遥感仪器，例如雷达成像仪、微波散射计及雷达高度计等。另外，激光气象雷达作为一种大气气溶胶和云的主动遥感探测工具，具有高垂直分辨率和测量精度，并能在全球范围（包括海洋和陆地上空）内快速、连续、实时和长期地进行大气气溶胶光学性质和形态特征的探测。它能给出云高的信息，能十分精确地给出卷云的形态（冰晶云和水云）、云顶高度、云厚和云的层次等信息，且对薄卷云等半透明云层的探测特别有效。激光气象雷达目前被认为是唯一能够精确观测全球风场、气溶胶、云的垂直物理和化学性质的空间设备。

融合处理微波、红外、可见光多频段多通道资料，以及主动与被动遥感数据，可以更好地获取全球降水、土壤湿度、风场、大气气溶胶垂直廓线等定量信息，因此，发展主动遥感有效载荷成为新一代气象卫星有效载荷配置的重要方向之一。

5.2.2 气象观测卫星体系化发展

随着气象观测需求的强劲增长和应用的不断深入，风云气象卫星及应用技术快速发展，新一代风云气象卫星将由单星观测向体系化、智能化方向发展。体系化包含两层含义。

一是观测要素的体系化。从需求的角度出发，我国地处东亚季风区，气候种类复杂、自然灾害频发。根据应急管理部发布的我国 2020 年自然灾害基本情况报告，当年我国气候年景偏差，自然灾害以洪涝、地质、风雹、台风等灾害为主，地震、干旱、低温冷冻、雪灾、森林草原火灾等灾害也时有发生。因此数值天气预报中大气初始状态极度依赖卫星观测资料，包括大气温、湿、压、风速、风向、云厚和云的层次，以及大气成分等关键变量信息。青藏高原被誉为“世界屋脊”“亚洲水塔”，是我国重要的生态安全屏障区、生态环境脆弱区，也是全球气候变化最为敏感的地带之一。目前，青藏高原地基观测资料逐步丰富，然而由于其自然条件恶劣，我国对青藏高原多圈层综合观测仍存在不足，对灾害风险预估的科技水平有待提升。

二是观测技术的体系化。目前，风云气象卫星缺乏主要影响气象、气候预测精度的温室气体、痕量气体和三维云微物理特性参数、全球风场及高频次的大气降水测量等信息的探测能力。为解决上述观测难题，下一代气象卫星将发展激光雷达、红外高光谱和多普勒全球测风技术，近红外、微波等气压探测技术，高频次云雨穿透主被动微波及激光探测技术等。气象卫星以国内气象、气候和自然灾害监测的迫切需求为牵引，开展体系组网、轨道布局、仪器配置等针对性研究，形成全要素观测能力，通过光学与微波、主动与被动、天底与临边、偏振、多角度等观测手段，实现全要素组合观测能力，服务天气气候预报、生态环境监测和防灾减灾等。

我国气象卫星在保持目前极地轨道和地球静止轨道骨干卫星的基础上，将逐步增加专用卫星的部署，进行专项探测。极地轨道气象卫星形成由上午轨道、下午轨道、晨昏轨道等综合观测卫星和低倾角降水测量卫星组成的完备观测系统，高轨气象卫星形成光学星和微波星组网的观测星座，高低轨、大中小气象卫星结合，支撑全要素和多圈层综合观测，以最优星座组网支撑全球无缝隙和区域高频次观测。

5.2.3 智慧协同观测

对于短临天气预报，特别是突发天气事件预报而言，其决策需要更高频次的气象观测数据。比如：实时地监测台风和强对流系统的强度和路径变化，其路径精度要进一步提升；对局地灾害性事件（森林火灾、

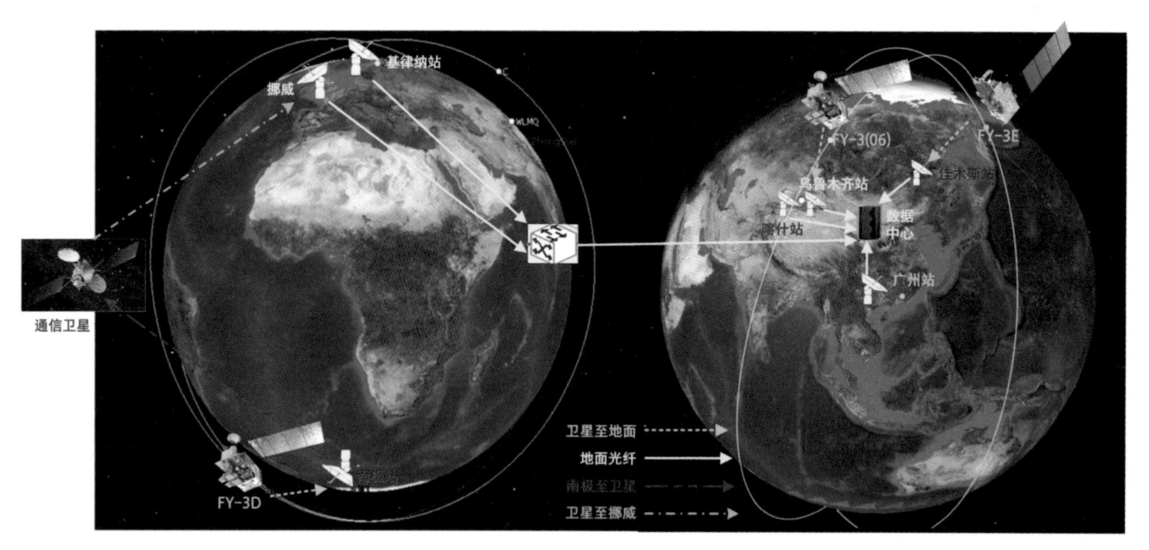

▲ 卫星与地面数据信息传输示意

火山爆发、局地暴风雪、空气污染、化学或放射性事故等）进行实时监测和发展趋势预测。未来风云气象卫星将通过卫星组网、协同观测提供全球 1h 级和中国区域 5min 级数据，提高数据观测和获取时效性，通过空间布局、多星组网和协同观测等方式充分发挥各类观测手段的体系化优势，实现高时空分辨率连续观测的能力。

随着气象卫星探测手段和观测能力的大幅度提升，传统的“卫星数据获取——地面站接收处理——数据分发——业务应用”的传输处理模式，数据获取及信息提取时效性差、数据处理自动化程度低等问题越发突出，这些成为制约未来卫星高机动性、高应急性、高时效性观测的部分因素。目前，低轨风云气象卫星数据下传完全依靠国内和国外地面站来确保全球数据的完整性，但数据获取时效性差，无法实现完全自主可控；多颗低轨及高轨气象卫星有效载荷单独探测，缺少低轨与低轨、低轨与高轨卫星联合探测；高低轨气象卫星未实现星上遥感数据处理能力，缺少高低轨气象卫星间的信息引导、数据融合及智能决策，气象应急快速响应及智能决策严重滞后。现有气象卫星常规固化的观测系统和数据时效性严重制约着卫星探测资料在气象灾害应急观测应用中的时效性。

我国现有的气象卫星缺乏协同观测机制，对区域强对流天气高时

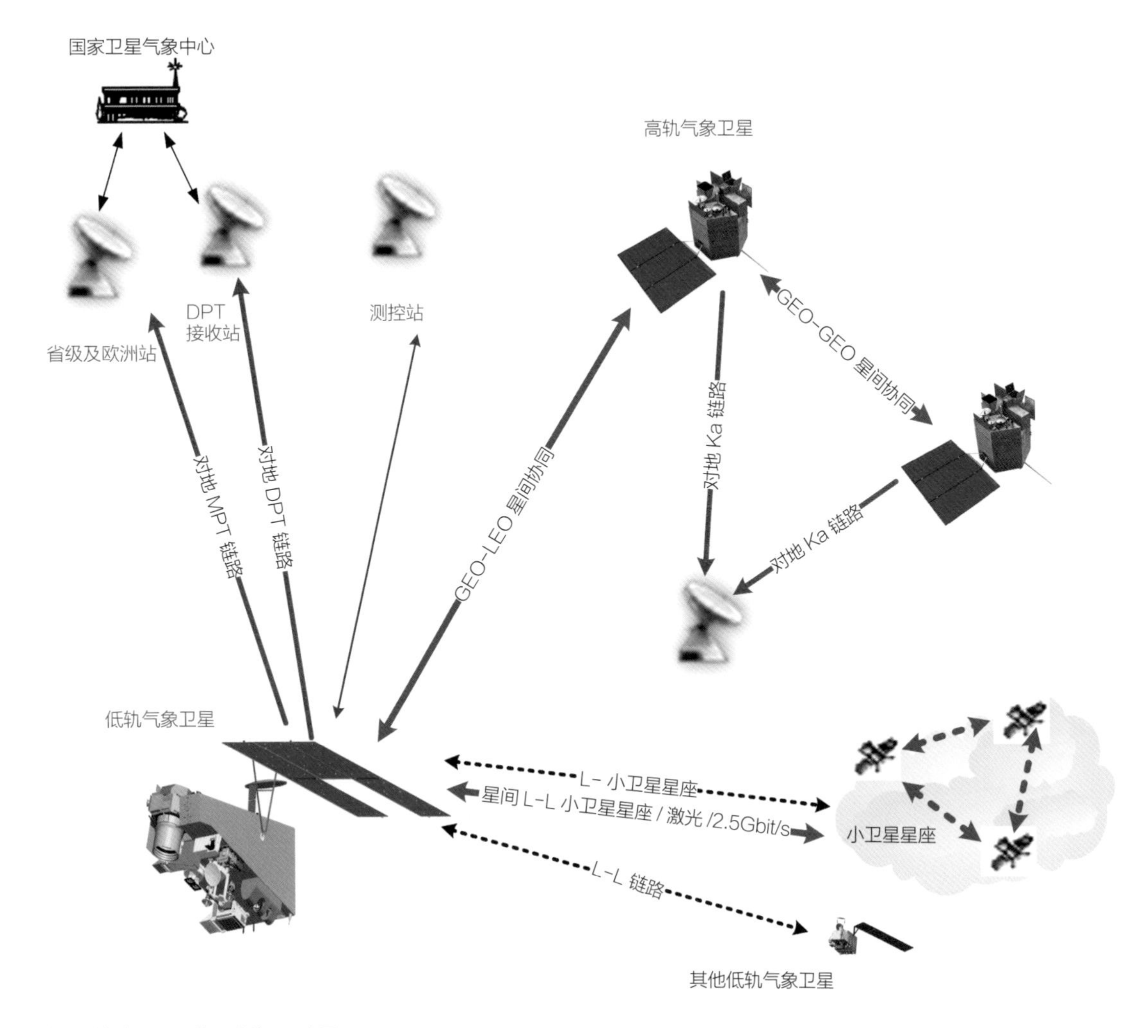

▲ 新一代气象卫星网络互联体系示意图
（GEO：地球静止轨道气象卫星；LEO：低轨气象卫星；DPT：延时遥感数据；MPT：实时遥感数据）

间分辨率、高空间分辨率探测及数据融合处理等能力不足。新一代气象卫星通过星间互联互通、协同观测和多源数据融合，可实现全新的气象卫星观测体制，提升气象卫星体系综合观测效能。

围绕数据高效传输，监测暴雨、台风、火灾、陆地灾害等应用需求，一体化气象卫星网络传输组网从功能架构、控制架构、部署架构三方面构建体系架构。高轨气象卫星作为体系骨干网和核心网，利用其覆盖面积广和星上处理能力强的优势，控制接入层低轨气象卫星实现高效的切换。我国将针对风云气象卫星高轨、低轨异构星座自主接入模式多、可靠运行要求高、需要快速精准建链等特点，自主研究气象卫星信息网络通信协议、网络管理及大时空跨度、低时延立体网络路由技术，实现星间网络和星地传输网络的互联互通及高效融合。

5.2.4　自主灵活的智能化服务

气象卫星目前的服务对象为气象工作者，由气象工作者生成天气预报信息，然后通过网络、广播、电视和手机 App 等各种手段发布天气信息。现阶段气象卫星工作和服务模式相对比较固定，未来的气象卫星考虑利用人工智能和高速处理技术，实现全球任意地点、任意时间智能

▼ 气象卫星智能服务

化定制服务。我国将围绕气象卫星大数据、人工智能平台、智慧气象计算中心和气象卫星，发展基于用户位置和预报请求的精细智能化气象服务。未来人们可以直接与气象卫星进行互动，随时随地看天气。

气象卫星还可打造行业和地方用户的定制化服务。以我国森林火险监测和防护为例，2019 年我国共发生 2345 起森林火灾和 45 起草原火灾。目前气象卫星可提供 5min 频次的观测数据，由地面进行火点识别、判断和报警信息发送。后续将由卫星自主实现相关判断和报警信息的发送，结合小型化的地面接收设备，为偏远地区森林守护人员提供第一时间的广播服务。

5.3 我国气象卫星展望

2025 年前，我国将继续发展第二代风云气象卫星，形成风云三号卫星黎明星、上午星、下午星和降水测量卫星组网观测，风云四号卫星光学星加微波星“组网观测，在轨备份”的业务格局。2035 年风云气象卫星观测能力整体达到世界先进水平。

2025 年前，我国还将研制发射 5 颗第二代风云气象卫星，实现全球首次晨昏轨道气象综合探测和地球静止轨道微波大气探测，建成由 4 颗低轨卫星和 3 颗高轨卫星组成的全球最完备的气象卫星观测系统，实现极地轨道主动微波降水测量和地球静止轨道被动微波测量。基于风云二号卫星，台风的 4h 路径预报误差小于 65km（目前为 70km），台风定位和定强精度提高 3%~5%，强对流和大雾预报准确率提高 5%，全面提升风云气象卫星在天气预报、防灾减灾和生态文明建设等领域的支撑能力。

2035 年前，我国将建设第三代风云气象卫星系统，低轨包含 5 颗极地轨道卫星（上午、下午和晨昏）、3 颗低倾角轨道卫星，高轨包含 5 颗光学卫星和微波卫星，全面实现风云气象卫星观测能力和应用水平国际领先，提升气象现代化水平，服务生命安全、生产发展、生活富裕、生态良好，保障国家安全。

2035 年前，我国将发展第三代风云气象卫星综合观测体系，发展全球大气云、气溶胶和风场专题探测能力，卫星观测能力和定量产品精度整体提升，全面满足全球和区域气象灾害的快速精细监测需求及多尺度精准气象预报预测需求；发展观测－预报一体化技术，实现星地协同智慧化观测，建立支撑精细预报的“智慧观测”业务系统；发展高低轨智能协同观测技术，实现极地轨道气象卫星数据快速回传，全球观测数据获取和处理时效在 1h 以内；形成“全球、全天时、全天候及高空间分辨率、高时间分辨率、高光谱分辨率、高辐射准确度”的综合卫星观测体系。

参考文献

[1] 中国气象百科全书总编委会 . 中国气象百科全书 · 气象观测与信息网络卷 [M]. 北京：气象出版社，2016.

[2] 中国气象百科全书总编委会 . 中国气象百科全书 · 气象预报预测卷 [M]. 北京：气象出版社，2016.

[3] 庄洪春 . 宇航空间环境手册 [M]. 北京：中国科学技术出版社，2000.

[4] 叶培建 . 征程——人类探索太空的故事 [M]. 北京：科学出版社，2021.

[5] 竺可桢 . 中国近五千年来气候变迁的初步研究 [J]. 中国科学，1973，16(2)：168-182.

[6] 张艳，唐世浩，邱红，等 . 地球辐射收支卫星观测和气候应用 [J]. 卫星应用，2018(11)：50-54.

[7] 焦维新，傅绥燕 . 太空探索 [M]. 北京：北京大学出版社，2003.

[8] 方成 . 走进我们生活的新科学——空间天气学 [J]. 自然杂志，2006，28（4）：194-198.

[9] 徐博明，李卿，陈桂林，等 . 气象卫星有效载荷技术 [M]. 北京：中国宇航出版社，2005.

[10] 陶诗言，赵思雄，周晓平，等 . 天气学和天气预报的研究进展 [J]. 大气科学，2003，27(4)：451-467.

[11] 大气科学辞典编委会. 大气科学辞典 [M]. 北京：气象出版社，1994.

[12] 钱维宏. 天气学 [M]. 北京：北京大学出版社，2004.

[13] 杜钧，钱维宏 . 天气预报的三次跃进 [J]. 气象科技进展，2014，4(6)：13-26.

[14] 朱抱真. 数值天气预报概论 [M]. 北京：气象出版社，1986.

[15] 杨军 . 新一代风云极轨气象卫星业务产品及应用 [M]. 北京：科学出版社，2011.

[16] 陈静，冯汉中. 天气预报的分类 [M]. 成都：四川科学技术出版社，2000.

[17] 陈静，冯汉中 . 风云可测——天气预报是怎样做出来的 [J]. 大自然探索，2000(2)：25-28.

[18] 阎生亮 . 天气预报中气象名词知多少 [J]. 科技园地，2003(1)：27.

[19] 夏俪铭，徐延锋，夏卫东 . 新媒体环境下电视天气预报节目的定位 [J]. 气象与环境科学，2011，34(S1)：141-143.

[20] 王贞虎 . 植物家族的天气预报员 [J]. 农村青少年科学探究，2015(10)：14-15.

[21] 李泽椿，毕宝贵，金荣花，等 . 近 10 年中国现代天气预报的发展与应用 [J]. 气象学报，2014，72(6)：1069-1078.

[22] 黄婷英 . 农业防灾减灾中天气预报的应用分析 [J]. 江西农业，2016(5)：40.

[23] 董瑶海 . 我国风云卫星体系的发展思考 [J]. 上海航天，2021，38(3)：76-84.